ZEITSCHRIFT FÜR ANGEWANDTE MATHEMATIK UND MECHANIK

INGENIEURWISSENSCHAFTLICHE FORSCHUNGSARBEITEN

BAND 58 | **1978** | **HEFT 4**

AUS DEM INHALT

H A U P T A U F S Ä T Z E

THEORIA CUM PRAXI

A K A D E M I E - V E R L A G · B E R L I N

ZAMM | **Bd. 58** | **Nr. 4** | **S. 177–244** | **Berlin, April 1978**

EVP 18,— M

34115

INHALT

Seite

Wir bitten, **Manuskriptsendungen** zweifach (Original und eine Kopie, sprachlich einwandfrei, Formeln mit Maschine oder in Druckschrift geschrieben) an folgende Anschrift zu richten:

Zeitschrift für Angewandte Mathematik und Mechanik z. Hd. Herrn Prof. Dr. Günter Schmidt
Zentralinstitut für Mathematik und Mechanik an der Akademie der Wissenschaften der DDR
DDR-108 Berlin, Mohrenstraße 39.

Zu den Arbeiten, die als Hauptaufsätze bestimmt sind, ist auf gesondertem Blatt eine Zusammenfassung von 5 bis 10 Zeilen in englischer und (möglichst) deutscher und russischer Sprache beizufügen. Ausführliche Hinweise für die Autoren, um deren strikte Berücksichtigung gebeten wird, finden sich im Anschluß an das Inhaltsverzeichnis des Jahrganges **57** (1977).

Die Autoren erhalten von den Hauptaufsätzen 75, von den Kleinen Mitteilungen 25 Sonderdrucke ohne Berechnung, darüber hinaus weitere Sonderdrucke gegen Berechnung.

Der Verlag behält sich für alle Beiträge das Recht der Vervielfältigung, Verbreitung und Übersetzung vor.

Bezugsmöglichkeiten: Bestellungen sind zu richten

— **in der DDR** an den Postzeitungsvertrieb; an eine Buchhandlung oder an den Akademie-Verlag, DDR-108 Berlin, Leipziger Straße 3—4
— **im sozialistischen Ausland** an eine Buchhandlung für fremdsprachige Literatur oder an den zuständigen Postzeitungsvertrieb
— **in der BRD und Westberlin** an eine Buchhandlung oder an die Auslieferungsstelle KUNST UND WISSEN, Erich Bieber, 7 Stuttgart 1, Wilhelmstraße 4—6
— **in Österreich** an den Globus-Buchvertrieb, 1201 Wien, Höchstädtplatz 3
— **im übrigen Ausland** an den Internationalen Buch- und Zeitschriftenhandel; den Buchexport, Volkseigener Außenhandelsbetrieb der Deutschen Demokratischen Republik, DDR-701 Leipzig, Postfach 160, oder an den Akademie-Verlag, DDR-108 Berlin, Leipziger Straße 3—4

ZEITSCHRIFT FÜR ANGEWANDTE MATHEMATIK UND MECHANIK
Herausgeber und Chefredakteur: Prof. Dr. Günter Schmidt (redaktionelle Mitarbeit: Dr. W. Heinrich und Dr. H. Weinert), Zentralinstitut für Mathematik und Mechanik der Akademie der Wissenschaften der DDR. Verlag: Akademie-Verlag, DDR-108 Berlin, Leipziger Straße 3—4; Fernruf: 2236221 oder 2236229; Telex-Nr.: 114420; Bank: Staatsbank der DDR, Berlin, Kto.-Nr.: 6836-26-20712. Anschrift der Redaktion: Zentralinstitut für Mathematik und Mechanik der Akademie der Wissenschaften, DDR-108 Berlin, Mohrenstraße 39; Fernruf: 2000561

Veröffentlicht unter der Lizenznummer 1282 des Presseamtes beim Vorsitzenden des Ministerrates der Deutschen Demokratischen Republik. Gesamtherstellung: VEB Druckerei „Thomas Müntzer", DDR-582 Bad Langensalza. Erscheinungsweise: Die Zeitschrift für Angewandte Mathematik und Mechanik erscheint monatlich. Die 12 Hefte eines Jahres einschließlich Tagungsheft bilden einen Band. Bezugspreis je Band 300,— M zuzüglich Versandspesen (Preis für die DDR 216,—M). Bezugspreis je Heft 25,— M (Preis für die DDR 18,—M). Bestellnummer dieses Heftes: 1009/58/4.

AN(EDV) 35937

ISSN 0044-2267

ZAMM 58, 177–188 (1978)

C. WEBER† *), E. ADAMS

Mathematisches Modell und Lösung für die Schmierfilmdicke bei elastohydrodynamischem Kugelkontakt

Die durch O. Reynolds (1886) begründete klassische hydrodynamische Schmiertheorie führt u. a. im Fall der hier behandelten Punktberührung auf ein nicht akzeptables Ergebnis: Die durch Kapitza [10] angegebene Lösung für den Fall des Kugelkontaktes liefert das Verschwinden des Integrals über die Druckverteilung und damit auch der Traglast. Es wird hier gezeigt, daß diese Lösung eindeutig ist. Entgegen experimentellen Beobachtungen [20] ergibt die elastohydrodynamische Behandlung des Problems in [2] und in [3] negative Drucke mit nicht vernachlässigbar kleinem Betrag auf der Abströmseite. Dieser Mangel wird hier durch eine physikalisch begründete Abänderung des Freigliedes der Reynoldsschen Gleichung vermieden. Das dabei benutzte mathematische Modell beschreibt die elastische Verformung näherungsweise durch Annahme eines kreisförmigen Hertzschen Spaltes konstanter Filmdicke h_0, außerhalb dessen die beiden festen Kugeln unverformt sind. Damit wird die Druckverteilung im inkompressiblen isothermen Schmierfilm überwiegend explizit sowie mit Fehlerabschätzung einer Differenzenlösung bestimmt. Durch Übergang zur Grenze großer Lasten ergibt sich hieraus die Parameterabhängigkeit von h_0 in größerer Allgemeinheit als in [2] oder in [3].

The classical hydrodynamic theory, which was founded by O. Reynolds (1886), yields an unacceptable result in particular in case of the point contact under consideration here: according to Kapitza's solution [10], the integral of the distribution of the pressure p and, therefore, the load are zero. The uniqueness of this solution is shown here. Opposite to experimental observations, the clastohydrodynamic treatment of the problem in [2] and in [3] yields non-negligible negative values of p downstream of the point of closest distance of the spheres. This shortcoming is avoided here by use of a physically justified modification of the right-hand side of Reynolds' equation. The mathematical model employed here approximates the elastic deformation by assuming a circular Hertzian contact area with constant film thickness h_0 and no deformation of the spheres outside of this gap. By use of this model, the pressure distribution in the incompressible isothermal liquid film is determined predominantly explicitly and with an error estimate for a difference solution. In the limit of large loads, h_0 as a function of parameters is determined here with more generality than in [2] and in [3].

Основанная О. Рейнольдсом (1886) классическая гидродинамическая теория смазок приводит для рассматриваемого здесь случая соприкосновения точек к неприемлемому результату: В полученном Капицей [10] решении для случая соприкосновения шаров интеграл от распределения давления обращается в нуль и, тем самым, обращается в нуль и несущая нагрузка. Здесь показывается, что это решение однозначно. В противоположность экспериментальным наблюдениям [20] эластогидродинамическое рассмотрение проблемы в [2] и [3] приводит к отрицательным давлениям с малыми непренебрегаемыми абсолютными значениями на стороне оттока. Этот недостаток устраняется здесь с помощью физически обоснованного изменения свободного члена в уравнении Рейнольдса. Используемая при этом математическая модель приближенно описывает упругое деформирование с помощью предположения наличия кругообразной щели Герца с постоянной толщиной плёнки h_0, вне которой оба твёрдых шара не деформируются. Бем самым, распределение давления в несжимаемой изотермической смазочной плёнке преимущественно определяется в явной форме, а также путём оценки погрешностей решения соответствующего уравнения в конечных разностях. Отсюда, переходя к предельному случаю больших нагрузок, вытекает параметрическая зависимость от h_0 в более общей форме, чем в [2] или [3].

1. Aufgabenstellung

1.1. Über die klassische hydrodynamische Schmiertheorie

O. REYNOLDS hat 1886 [14] als mathematisches Modell eines Schmierfilms zwischen bewegten festen Körpern die nach ihm benannte DGL (= Differentialgleichung) durch Vereinfachungen der NAVIER-STOKESschen Gleichungen und zugehörigen RB (= Randbedingung(en)) erhalten; siehe hierzu die Wiedergabe der Herleitung in 2. In der hier vorliegenden Arbeit wird eine inkompressible isotherme Flüssigkeitsschicht zwischen zwei Kugeln mit den Radien R_1 bzw. R_2 betrachtet, welche sich mit fast gleichen konstanten Umfangsgeschwindigkeiten u_1 bzw. u_2 drehen, s. Bild 1. Der von x und y abhängige Abstand h zwischen den Kugeloberflächen wird im Rahmen der klassischen hydrodynamischen Theorie (z. B. [10]) durch den Ausdruck

$$h = h_0 + \beta_0(x^2 + y^2) \quad \text{mit} \quad h_0, \beta_0 = \text{const.} > 0$$
$$\text{für} \quad 0 \leqq r \leqq r_\infty, \; r = \sqrt{x^2 + y^2}, \quad r_\infty = \text{const.}, \tag{1.1}$$

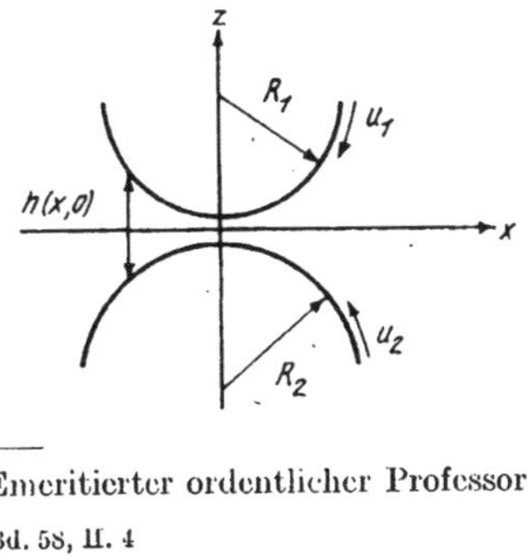

Bild 1. Kugeln im Querschnitt $y = 0$ in dem in der klassischen hydrodynamischen Schmiertheorie vorausgesetzten unverformten Zustand

*) Emeritierter ordentlicher Professor der Technischen Universität Braunschweig, verstorben 14. 8. 1976.

approximiert. In der erwähnten REYNOLDSschen DGL

$$-\frac{\partial}{\partial x}\left(\frac{h^3}{\mu}\frac{\partial p}{\partial x}\right)-\frac{\partial}{\partial y}\left(\frac{h^3}{\mu}\frac{\partial p}{\partial y}\right)=12u_0\frac{\partial h}{\partial x} \quad \text{auf} \quad D:=\{(x,y):0\leqq x^2+y^2<r_\infty^2\} \tag{1.2}$$

treten neben h auf: der Druck p der Flüssigkeit, die charakteristische Geschwindigkeit $u_0 := (u_1 + u_2)/2$ und die nicht notwendig konstante dynamische Zähigkeit μ des Fluids. Der Radius r_∞ des Randes ∂D des betrachteten Grundgebiets sei sehr viel größer als die charakteristische geometrische Größe $(R_1 + R_2)/2$, siehe unten; in der folgenden mathematischen Behandlung wird gelegentlich $r_\infty \to \infty$ zugelassen. Bei der in 2. angegebenen Herleitung von (1.2) ist benutzt, daß Dichte und Temperatur der Flüssigkeit konstant sein sollen. Da sich das Schmiermittel im Spalt unter hohen Lasten wie eine Nicht-NEWTONsche Flüssigkeit verhalten kann, [7], [20], ist auch unter isothermen Bedingungen $\mu \neq$ const. sinnvoll, und es haben sich Materialgesetze $\mu(p)$ bewährt. Die einzige hier sinnvolle RB ist

$$p = 0 \quad \text{auf} \quad \partial D := \{(x,y) : x^2 + y^2 = r_\infty^2\}\,, \tag{1.3}$$

welche nachträglich $r_\infty \gg (R_1 + R_2)/2$ rechtfertigt; an sich verlangt die hier benutzte geometrische Näherung, daß $r_\infty \ll \text{Min}\,\{R_1, R_2\}$ ist. Es ist p in (1.2), (1.3) die Abweichung von einem konstanten Bezugsdruck. Das Symbol p bezeichnet im folgenden gelegentlich auch den absoluten Druck.

Wenn man im Fall $\mu = \mu_0 =$ const. die mit einer beliebig kleinen positiven Konstanten ε gebildete Funktion

$$s = r_\infty^2 + \varepsilon - y^2$$

in die linken Seiten der DGL (1.2) und der RB (1.3) einsetzt, erhält man

$$\frac{1}{\mu_0}\left(6h^2\frac{\partial h}{\partial y}y + 2h^3\right) = \frac{1}{\mu_0}(6h^2\,2\beta_0 y^2 + 2h^3) > 0 \qquad \text{auf } D \text{ bzw. } r_\infty^2 + \varepsilon - y^2 > 0 \text{ auf } \partial D\,.$$

Nach [1] oder [16] ist die RWA (= Randwertaufgabe) (1.2), (1.3) daher invers-isoton mit Zulassung des Gleichheitszeichens oder, in der von COLLATZ [4] eingeführten Ausdrucksweise, eine Aufgabe von monotoner Art, siehe auch [17]. Ein Problem mit dieser Eigenschaft besitzt höchstens eine (klassische) Lösung. Bei Verschwinden der rechten Seiten in der DGL und in den RB existiert daher nur die triviale Lösung $p = 0$. Wegen der damit gesicherten Eindeutigkeit ist $h \in C^2(D) \cap C(\bar{D})$ nach Theorem 18 in [8, p. 86] hinreichend für die Existenz einer klassischen Lösung der RWA (1.2), (1.3) im Fall der konstanten Zähigkeit μ_0. Die Funktion h in (1.1) hat diese Glattheitseigenschaft.

Die einzige klassische Lösung der RWA (1.2), (1.3) ist 1955 in der Grenze $r_\infty \to \infty$ von KAPITZA [10] mitgeteilt worden. Diese in [2] wiedergegebene Lösung ist im Fall konstanter Zähigkeit μ_0 mit h aus (1.1):

$$p = \frac{12\mu_0 u_0}{5}\frac{x}{h^2}. \tag{1.4}$$

Wegen der Unsymmetrie des Zählers erhält man aus (1.4) eine Verletzung des Momentengleichgewichts der festen Körper und überdies für jeden Radius r_∞ das physikalisch nicht akzeptable Ergebnis

$$\iint_D p(x,y)\,dx\,dy = 0 \quad \text{mit} \quad p \not\equiv 0 \tag{1.5}$$

der RWA (1.2), (1.3) der klassischen hydrodynamischen Schmiertheorie. Die in Anwendungen von (1.4) gelegentlich durchgeführte willkürliche Ersetzung der auftretenden negativen Werte von p durch Null ist fragwürdig. Wegen $p < 0$ für $x < 0$ widerspricht (1.4) der experimentellen Erfahrung [20], auf Grund derer auf der Abströmseite $x < 0$ negative Werte von p mit vernachlässigbar kleinem Betrag auftreten, was sich durch die dortige Ablösung der Flüssigkeit von den Wänden erklärt. Es ist (1.4) eine partikuläre Lösung der DGL (1.2). Wegen der gezeigten Eindeutigkeit dieser Lösung ist die in [10] und [19] angeregte Suche nach einer diese partikuläre Lösung ergänzenden Lösung der homogenen DGL aussichtslos.

U. a. FOORD et al. [7] haben experimentell gezeigt, daß die Geometrie eines Flüssigkeitsfilms zwischen bewegten belasteten Körpern wesentlich verschieden von der in Bild 1 skizzierten Konfiguration sein kann. Bilder in [7] und in anderen einschlägigen Arbeiten zeigen, daß sich unter geeigneten Bedingungen beide Körper auf ungefähr der Fläche der HERTZschen Pressung [9] derart abplatten, daß ein sehr dünner „HERTZscher Spalt“ mit etwa konstanter Dicke h_0 entsteht, siehe Bild 2; es gilt dabei sogar $h_0 \ll h_\infty$, wo h_∞ die Summe der maximalen elastischen Randverschiebungen der beiden festen Körper ist. Nach [20] sind im Fall von zwei Stahlrollen mit je 80 mm Durchmesser $h_\infty = 40\ \mu$ und $h_0 = 0{,}5\ \mu$ bei einer HERTZschen Pressung $p_{\text{Hz}} = 200\ \text{Kp/mm}^2$ gemessen worden. Dieser HERTZsche Spalt kann in guter Übereinstimmung mit den experimentellen Beobachtungen [7] durch einen Kreis mit dem Radius $r = a$ um den Punkt $x = y = 0$ beschrieben werden. Experimente [20] zeigen, daß der im folgenden

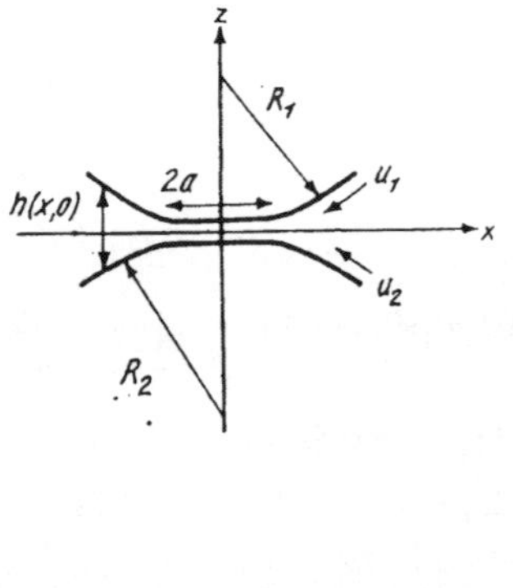

Bild 2. Kugeln mit HERTZscher Abplattung im Querschnitt $y = 0$ entsprechend der elastohydrodynamischen Theorie

mit p^* bezeichnete Flüssigkeitsdruck in diesem Spalt die Größenordnung des HERTZschen Druckes p_{Hz} hat, [9]. Unter Verwendung des in der hier vorliegenden Arbeit behandelten elastohydrodynamischen Modells werden hier näherungsweise p^* und vor allem h_0 bestimmt.

Während das elastohydrodynamische Problem schon mindestens 1941 in der Literatur diskutiert worden ist, ist in der Arbeit [18] von C. WEBER und K. SAALFELD zum ersten Mal eine relativ vollständige Lösung für mittelgroße Lasten angegeben worden. Es ist [19] eine nicht mehr veröffentlichte Fortsetzung von [18]. Die hier vorliegende Arbeit behandelt die Lösung der in [19] aufgeworfenen Fragestellung sowie zugehörige Erweiterungen.

1.2. Über die elastohydrodynamische Schmiertheorie

Die experimentelle Erfahrung ([7], [20]) zeigt bei hinreichend großen Belastungen der festen Körper in z-Richtung mit HERTZschen Drucken p_{Hz} von über 100 kp/mm² und bei hinreichend großen Geschwindigkeiten u_0, daß sich ein ungefähr kreisförmiger HERTZscher Spalt mit Radius a und einer von x und y fast unabhängigen Dicke h_0 ausbildet, in dem näherungsweise die ellipsoidartige HERTZsche Druckverteilung [9] vorliegt. Vor diesem engsten Spalt treten nach [20] auf der Anströmseite der Flüssigkeit nicht vernachlässigbar kleine Verformungen der beiden festen Körper auf, welche im nicht deformierten Zustand Kugeln mit den Radien R_1 bzw. R_2 sind. Bei niedrigeren Belastungen ist zwar die Verformung für $r > a$ vernachlässigbar klein, andererseits aber bildet sich dann nicht ein HERTZscher Spalt nahezu konstanter Dicke h_0 aus.

Im hier behandelten Fall des Kugelkontaktes hat CHENG [3] die Spaltweite $h(x, y)$ zwischen den beiden festen Körpern in der Form

$$h = \begin{cases} h_0 & \text{für} \quad r = \sqrt{x^2 + y^2} < a\,, \\ h_0\,[1 + \Gamma(x, y)] & \text{für} \quad r \geqq a \end{cases} \tag{1.6}$$

mit einer auf Grund der HERTZschen Theorie bestimmten Funktion Γ ausgedrückt. CHENG hat die REYNOLDSsche Gleichung unter Verwendung dieses Ansatzes näherungsweise numerisch in einer noch zu beschreibenden Weise gelöst. ARCHARD und COWKING [2] haben einen entsprechenden Ausdruck für h auf Grund der HERTZschen Theorie benutzt. Sowohl in [2] als auch in [3] ist der Druck p auf $r = a$ als eine nicht von x und y abhängige Konstante p^* behandelt.

In geeigneter Verallgemeinerung von (1.1) wird hier im folgenden die Spaltweite h durch den Ansatz

$$h = \begin{cases} h_0 & \text{für} \quad r < a \\ h_0 + \beta(r^2 - a^2) & \text{für} \quad r \geqq a \quad \text{mit} \quad 2\beta = R^{-1} \quad \text{und} \quad R := (R_1^{-1} + R_2^{-1})^{-1} \end{cases} \tag{1.6a}$$

approximiert. Dabei tritt in $r = a$ ein Knick auf, und es wird die Verformung der beiden festen Körper für $r > a$ vernachlässigt. Die in 4. gezeigte gute quantitative Übereinstimmung der in [2], in [3] und unter Verwendung von (1.6a) hier erzielten Ergebnisse für h_0 als Funktion der Parameter legt es nahe, daß der Ansatz (1.6a) im interessierenden Parameterbereich zur Bestimmung von h_0 brauchbar ist. Da die REYNOLDSsche Gleichung im folgenden, ebenso wie in [2] und in [3], nur für $r > a$ behandelt wird, ist es unerheblich, daß hier der Druck p nicht nur auf $r = a$, sondern sogar für $r \leq a$ als eine von x und y unabhängige Konstante p^* angenommen wird.

Es ist wesentlich, daß die in [2] und in [3] benutzte Funktion $h(x, y)$ ebenso wie diejenige in (1.6a) rotationssymmetrisch ist. Daher hat die eindeutige klassische Lösung der RWA der REYNOLDSschen Gleichung in jedem dieser drei Fälle die Erfüllung von (1.5) zur Folge; jede dieser drei exakten Lösungen ist daher nicht akzeptierbar. Während daher im folgenden (1.6a) auf der Abströmseite der Flüssigkeit geeignet modifiziert wird, weichen die in [2] und in [3] bestimmten Näherungslösungen so stark von den jeweiligen exakten Lösungen ab, daß sich die Erfüllung von (1.5) dort nicht herausstellt. Die in [2] und [3] bestimmten Druckverteilungen liefern trotz dieser Mängel im Vergleich zu experimentellen Werten quantitativ gute Ergebnisse für h_0, da die Spaltweite h_0 nur sehr schwach vom Druck abhängt, vgl. 4.

Auf Grund experimenteller Beobachtungen treten im HERTZschen Spalt so hohe Drucke sogar schon bei mäßigen Lasten auf, daß sich die Flüssigkeit dort wie ein nicht-NEWTONsches Fluid verhält. ARCHARD und COWKING [2] haben 1965 als Approximation dieses Verhaltens der Flüssigkeit die konstante dynamische Zähigkeit μ_0 durch den schon seit mindestens 1921 bekannten und häufig in der Literatur benutzten Ansatz

$$\mu = \mu_0\, e^{\alpha p} \quad \text{mit} \quad \alpha = \text{const.} > 0 \tag{1.7}$$

eines Materialgesetzes ersetzt, und sie haben die Transformation

$$q = \frac{1}{\alpha}\,[1 - e^{-\alpha p}] \Leftrightarrow p = -\frac{1}{\alpha} \ln\,[1 - \alpha q] \tag{1.8}$$

eingeführt. Es ist α von der Größenordnung 10^{-1} [mm²/kp]. Zur Vereinfachung der Ausdrucksweise wird hier im folgenden q ebenso wie p als Druck bezeichnet. ARCHARD und COWKING haben das Vorliegen des von x und y unabhängigen konstanten Wertes

$$q = q^* := \frac{1}{\alpha} \Leftrightarrow p \text{ ist „unendlich groß"} \tag{1.9}$$

auf dem Rand $r = a$, damit aber auch im Inneren des HERTZschen Spaltes, postuliert und damit eine allerdings willkürliche RB für q auf $r = a$ erhalten. Die damit von ARCHARD und COWKING [2] gewonnene und dort mit „b" bezeichnete Lösung von (1.2), (1.3) bezieht sich auf die RB

$$\lim_{r\to\infty} q = 0 \quad \text{und} \quad q(a, \Phi) = \frac{1}{\alpha} \quad \text{mit} \quad \Phi = \arctan\frac{y}{x}. \tag{1.10}$$

Die im Ansatz [2]

$$q = A(r) + B(r)\cos\Phi \tag{1.11}$$

zur Gewinnung dieser Lösung „b" auftretende Funktion A wird in [2] durch ein Integral dargestellt, während die Funktion B dort numerisch näherungsweise bestimmt wird. Die Lösung „a" in [2] ist im wesentlichen diejenige von KAPITZA [10].

Die Lösung „b" in [2] erfüllt nicht die Bedingung

$$\frac{\partial q(a, \Phi)}{\partial r} = 0 \quad \text{für} \quad 0 \leqq \Phi < 2\pi \tag{1.12}$$

des glatten Übergangs vom erwähnten konstanten Wert q^* für $0 \leqq r \leqq a$ zur Funktion q für $r > a$. Wegen der willkürlichen Festlegung $q \equiv q^*$ ist ein solcher glatter Übergang prinzipiell bei Annahme eines HERTZschen Spalts mit konstantem Druck q^* nicht erreichbar. Fig. 3.7 in [2] zeigt, daß die Lösung „b" für q in der Abströmhalbebene $x < 0$ negative Werte hat, denen nach (1.8) negative Werte von p entsprechen. Wie erwähnt, ist die Lösung „b" in [2] daher nicht befriedigend.

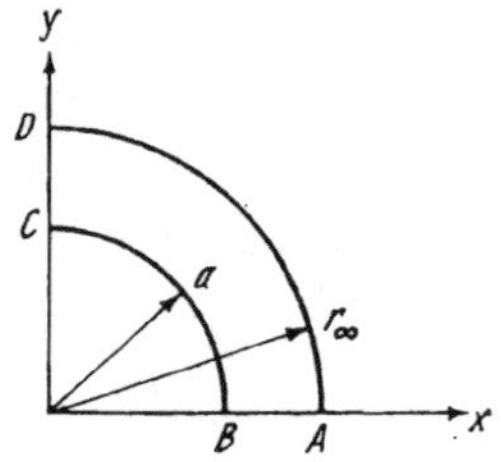

Bild 3. Segment ABCD eines Kreisringes, auf den sich die Differenzenlösung in [3] bezieht

CHENG [3] hat das elastohydrodynamische Problem 1970 näherungsweise gelöst und dabei sogar den allgemeineren Fall der Punktberührung von zwei Ellipsoiden und des Ersatzes von αp durch eine Funktion $f(p)$ in (1.7) und (1.8) behandelt. Da aber CHENG, ebenso wie ARCHARD und COWKING, einen rotationssymmetrischen Ansatz der Art (1.6) für h im Fall der Berührung von zwei Kugeln verwendet, würden auch bei ihm negative Werte von q auftreten, wenn er die Lösung der der Transformation (1.8) unterworfenen REYNOLDSschen Gleichung mit $f(p)$ im gesamten Gebiet $r > a$, und nicht nur für $0 \leqq \Phi \leqq \pi/2$ behandelt hätte. Die von CHENG numerisch bestimmte Differenzenlösung bezieht sich auf die in Bild 3 dargestellte Viertelebene, an deren Rand die Gültigkeit der folgenden RB in [3] postuliert ist:

$$q(r_\infty, \Phi) = 0 \quad \text{auf AD}, \tag{1.13a}$$

$$\frac{\partial q(r, 0)}{\partial \Phi} = 0 \quad \text{auf AB}, \tag{1.13b}$$

$$q(a, \Phi) = q^* = \text{const. auf BC} \tag{1.13c}$$

und

$$q = q^* \frac{\Psi(y)}{\Psi(0)} \text{auf CD}. \tag{1.13d}$$

Hier ist (1.13b) eine Symmetriebedingung, es ist q^* in (1.13c) der hier noch unbekannte Druck im HERTZschen Spalt, und (1.13d) ist eine willkürliche „Abschlußbedingung" für die Strömung in der Viertelebene, die eine von ARCHARD und COWKING bestimmte Verteilung von q auf der Strecke CD benutzt. Außer der hier im Punkt $(a, 0)$ vorgeschriebenen RB (1.13c) benutzt CHENG dort noch die Nebenbedingung

$$\frac{\partial q(a, 0)}{\partial r} = 0, \tag{1.14}$$

welche die Erfüllung von (1.12) wenigstens in diesem einen Punkt sicherstellt; dabei ist implizit die Vorstellung eines für $r \leqq a$ von x und y unabhängigen Druckes benutzt. Unter Verwendung von (1.14) gelingt CHENG die Bestimmung eines Randwertes q^* für den Druck im HERTZschen Spalt.

Da die Lösung von CHENG hinsichtlich der Willkür der Wahl von Ψ in (1.13d) und des Auftretens negativer Werte von q in $x < 0$ nicht befriedigt, wird in der hier vorliegenden Arbeit ein elastohydrodynamisches Modell entwickelt, das die eben genannten Nachteile vermeidet. Außerdem ist die hier hergeleitete Lösung überwiegend explizit dargestellt, und das ist offensichtlich vorteilhaft im Vergleich zu den von CHENG aus Differenzenlösungen ermittelten Näherungsbeziehungen, vgl. 4.

2. Ein elastohydrodynamisches Modell

Aus der Transformation (1.8) folgt wegen (1.7)

$$\frac{\partial q}{\partial \xi} = \frac{\mu_0}{\mu}\frac{\partial p}{\partial \xi} \quad \text{mit} \quad \xi = x \quad \text{oder} \quad y. \tag{2.1}$$

Die REYNOLDSsche Gleichung (1.2) wird damit in die DGL

$$-\frac{\partial}{\partial x}\left(h^3\frac{\partial q}{\partial x}\right)-\frac{\partial}{\partial y}\left(h^3\frac{\partial q}{\partial y}\right)=12\mu_0 u_0\frac{\partial h}{\partial x}\text{ auf } D \tag{2.2}$$

transformiert. Durch Übergang von den kartesischen Koordinaten x und y zu den Polarkoordinaten r und Φ folgt hieraus die nun nur noch auf $D_1 \subset D$ betrachtete DGL

$$-\frac{1}{r}\frac{\partial}{\partial r}\left(rh^3\frac{\partial q}{\partial r}\right)-\frac{h^3}{r^2}\frac{\partial^2 q}{\partial \Phi^2}=k_1(r,\Phi)\qquad\text{auf}\quad D_1:=\{(r,\Phi):a<r<r_\infty,\ 0\leqq\Phi<2\pi\} \tag{2.3}$$

mit

$$k_1:=12u_0\mu_0\frac{\partial h}{\partial r}\cos\Phi\,. \tag{2.4}$$

Es werden auf ∂D_1 die RB

$$q(r_\infty,\Phi)=0\quad\text{und}\quad q(a,\Phi)=q^*\quad\text{mit}\quad q^*=\text{const.}>0\quad\text{auf}\quad\partial D_1 \tag{2.5}$$

vorgeschrieben. Ebenso wie bei CHENG wird auch hier die freie Konstante q^* unter Verwendung der Nebenbedingung (1.14) bestimmt.

Einsetzen der mit einer beliebig kleinen positiven Konstanten ε gebildeten Funktion

$$s=r_\infty^2+\varepsilon-r^2$$

in die linken Seiten der DGL (2.3) und der RB (2.5) liefert $4h^3+6rh^2h'>0$ auf D_1 bzw. $\varepsilon>0$ auf ∂D_1, so daß die RWA (2.3), (2.5) nach [16] invers-isoton mit Zulassung des Gleichheitszeichens ist.

Wie erwähnt, folgt dann nach [8, p. 86] hier die Existenz genau einer klassischen Lösung dieser RWA.

Es wird nun gezeigt, daß die bei ARCHARD und COWKING und bei CHENG für $x<0$ auftretenden negativen Werte der Lösung q der dort behandelten RWA durch Einführung einer Funktion k an Stelle von k_1 in der rechten Seite der DGL (2.3) vermieden werden können:

$$k:=\begin{cases}12u_0\mu_0\dfrac{\partial h}{\partial r}\cos\Phi & \text{auf}\quad D_2:=\left\{(r,\Phi): a<r<r_\infty,\ -\dfrac{\pi}{2}<\Phi<\dfrac{\pi}{2}\right\},\\[2ex] 0 & \text{auf}\quad D_3:=\left\{(r,\Phi): a<r<r_\infty,\ \dfrac{\pi}{2}<\Phi<\dfrac{3\pi}{2}\right\}.\end{cases} \tag{2.6}$$

Da dann

$$k(r,\Phi)\geqq 0\quad\text{auf}\quad D_1 \tag{2.7}$$

gilt, besitzt die invers-isotone RWA (2.3) mit k statt k_1 und (2.5) die untere Schranke $\underline{q}=0$ ihrer klassischen Lösung.

Zur Rechtfertigung des Überganges von der rechten Seite k_1 in (2.4) zur rechten Seite k in (2.6) wird die z. B. in [12, p. 581 bis 584] oder in [15, p. 103] behandelte Herleitung der REYNOLDSschen Gleichung (1.2) auf den hier vorliegenden Fall $\mu(p)$ verallgemeinert. Dabei werden die weiter unten diskutierten vereinfachten Formen

$$\frac{\partial p}{\partial x}=\frac{\partial}{\partial z}\left(\mu(p)\frac{\partial u}{\partial z}\right)=\mu(p)\frac{\partial^2 u}{\partial z^2},\quad\frac{\partial p}{\partial y}=\frac{\partial}{\partial z}\left(\mu(p)\frac{\partial v}{\partial z}\right)=\mu(p)\frac{\partial^2 v}{\partial z^2},$$
$$\frac{\partial p}{\partial z}=0=\frac{\partial}{\partial z}\left(\mu(p)\frac{\partial w}{\partial z}\right)=\mu(p)\frac{\partial^2 w}{\partial z^2} \tag{2.8}$$

der hydrodynamischen Bewegungsgleichungen bzw. der Unabhängigkeit der Funktion p von z herangezogen. Wegen der Haftbedingungen an den festen Wänden folgt aus (2.8) $w\equiv 0$. Durch Integration über z erhält man aus der Kontinuitätsgleichung $\partial u/\partial x+\partial v/\partial y+\partial w/\partial z=0$ die globale Kontinuitätsgleichung

$$\frac{\partial Q_x}{\partial x}+\frac{\partial Q_y}{\partial y}=0$$
$$\text{mit } Q_x:=\int_0^{h(x,y)}u(x,y,z)\,\mathrm{d}z\,,\qquad Q_y:=\int_0^{h(x,y)}v(x,y,z)\,\mathrm{d}z\,. \tag{2.9}$$

Durch Abwickeln der einen festen Begrenzung der sehr dünnen Flüssigkeitsschicht in die Ebene $z=0$ erhält man die RB $u=u_i$ und $v=w=0$ an den durch $i=1$ oder 2 charakterisierten festen Wänden $z=0$ bzw. $z=h(x,y)$.

Dabei sind $u=u_i$ und $v=w=0$ auf $z=h$ nur näherungsweise gültig, und Wandrauhigkeiten sind vernachlässigt. Wenn die Wand $z=h$ ruht, und die Wand $z=0$ sich mit der konstanten Geschwindigkeit $u=-u_0$ bewegt, folgen aus (2.8) nach Integrationen über z unter Beachtung der RB

$$u=-u_0\left(1-\frac{z}{h}\right)-\frac{h^2}{2\mu(p)}\frac{\partial p}{\partial x}\frac{z}{h}\left(1-\frac{z}{h}\right),$$
$$v=\qquad-\frac{h^2}{2\mu(p)}\frac{\partial p}{\partial y}\frac{z}{h}\left(1-\frac{z}{h}\right), \tag{2.10}$$
$$w\equiv 0\,.$$

Durch Einsetzen von (2.10) in (2.9) erhält man die REYNOLDSsche Gleichung (1.2), wenn man dort noch u_0 durch $2u_0$ ersetzt um die in (1.2) zugrunde liegende gegenläufige Bewegung der beiden festen Wände mit $\pm u_0$ zu berücksichtigen. Wie u. a. die aus (2.10) erhaltenen Ausdrücke für die Schubspannungen an den Wänden im Vergleich zu experimentellen Ergebnissen [20] zeigen, sind die Geschwindigkeitsverteilungen (2.10) qualitativ und quantitativ schlechte Approximationen. Der Grund liegt u. a. darin, daß die Flüssigkeitsschicht im HERTZschen Spalt im Fall von strömendem Öl eine Schichtdicke von der Größenordnung von etwa 100 Moleküldurchmessern hat [20]. Durch [20] bereitgestellte Photographien zeigen, daß sich der Ölfilm in geringem Abstand stromabwärts ($x < 0$) vom Austritt aus dem HERTZschen Spalt fächerartig teilgebietsweise von den festen Wänden ablöst. Da der Film also dort nicht mehr überall an den festen Wänden haftet, liegt es nahe, das durch die Schleppwirkung der festen Wände bedingte Glied $u_0\,(1 - z/h)$ in (2.10) und die daraus entstandene rechte Seite der REYNOLDSschen Gleichung (1.2) für $x < 0$ durch Null zu ersetzen. Auf diese Weise entsteht k in (2.6) aus k_1 in (2.4); es wäre aber nun nicht sinnvoll, die beim Übergang von (2.4) nach (2.6) abgeänderte Funktion h auch in der linken Seite der REYNOLDSschen Gleichung (1.2) zu ändern. Diese linke Seite entsteht nämlich aus den Gliedern mit $\partial p/\partial x$ bzw. $\partial p/\partial y$ in (2.10), und diese Glieder beschreiben das örtliche Gleichgewicht in der Strömung zwischen Druck- und Reibungskräften, welche beide auch in der abgelösten Strömung in $x < 0$ wirken.

Der Ersatz von k_1 durch k beeinflußt also nur die rechte Seite der DGL in (2.3). Es ist k auf D_1 stetig, hat aber auf

$$D_4 := \left\{(r, \Phi) : 0 < r < r_\infty, \qquad \Phi = \pm \frac{\pi}{2}\right\} \tag{2.11}$$

verschiedene einseitige Ableitungen ungerader Ordnung nach Φ. Da k aber überall auf D_1 LIPSCHITZ-stetig ist, hat die RWA (2.3) mit k statt k_1 und mit den RB (2.5) genau eine klassische Lösung nach [8], deren Eindeutigkeit dabei aus der Invers-Isotonie der linken Seiten von (2.3) und der RB in (2.5) folgt.

Es sollen nun die beim Übergang von den vollen NAVIER-STOKES-Gleichungen und der differentiellen Kontinuitätsgleichung nach (2.8), (2.9) benutzten Vereinfachungen diskutiert werden. Dabei werden die z. B. in [15, p. 52] angegebenen Gleichungen für den Fall inkompressibler, chemisch homogener, isothermer NEWTONscher Medien unter Berücksichtigung von hier $\mu(p)$ zugrunde gelegt. Die erwähnten Vereinfachungen dieser Gleichungen bestehen in:

1. der hier im Gegensatz zum Fall der Gaslager sinnvollen Behandlung des stationären Falles,

2. der Berücksichtigung der Tatsache, daß hier $\dfrac{u_0 \varrho h_0}{\mu_0} \dfrac{h_0}{R_i} \ll 1$ mit $i = 1,2$ und ϱ als Dichte des strömenden Mediums gilt und daher die Trägheitsglieder der Bewegungsgleichungen entfallen können, siehe hierzu [11, p. 138],

3. der Berücksichtigung der Tatsache, daß hier $h_0/R_i \ll 1$ mit $i = 1,2$ gilt, so daß α) der Druck als unabhängig von z behandelt werden darf und β) die zweiten Ableitungen der Geschwindigkeitskomponenten u und v nach x bzw. y im Vergleich zu denjenigen nach z vernachlässigt werden dürfen, siehe hierzu [11, p. 136] und

4. der Berücksichtigung der bekannten Abhängigkeiten der rechten Seiten in (2.10) und des Druckes p von z, so daß durch die Verwendung der über z integrierten differentiellen Kontinuitätsgleichung kein Verlust an Allgemeinheit der Behandlung eintritt.

Es sollen nun noch durch Vergleich mit [5] und [11] wesentliche Unterschiede des hier benutzten Modells von demjenigen im Fall von Gaslagern erwähnt werden:

a) hier sind alle DGL wegen der konstanten Dichte linear, während das Gasgesetz isothermer Medien auf nichtlineare Gleichungen in p führt,

b) bei Gaslagern treten wegen der geringen Kräfte keine elastohydrodynamischen Effekte auf, welche hier im Mittelpunkt des Interesses stehen, und bei Gaslagern ist die Verwendung einer konstanten Zähigkeit μ_0 sinnvoll,

c) die in der für Gaslager zuständigen REYNODLSschen Gleichung auftretende Lagerzahl Λ entfällt hier wegen der Linearität der REYNOLDSschen Gleichung beim weiter unten erfolgenden Übergang zu dimensionslosen Größen und Gleichungen. Bei Gaslagern treten im Fall $\Lambda \gg 1$ grenzschichtartige Effekte in Strömungsrichtung auf, welche die in [5] behandelte mathematische Problematik verursachen, sowie

d) die in der Theorie der Gaslager vorgeschlagene Berücksichtigung der Krümmung der strömenden Schicht durch Anbringen von Korrekturtermen in der REYNOLDSschen Gleichung könnte auch für Flüssigkeitslager sinnvoll sein, zumal diese Glieder nicht die Linearität der Gleichung zerstören.

Es wird a) in 3. gezeigt, daß der (1.11) entsprechende Ansatz

$$\underline{q} := \begin{cases} A(r) + B(r) \cos \Phi & \text{auf } D_2, \\ A(r) & \text{auf } D_3 \end{cases} \tag{2.12}$$

auf $D_2 \cup D_3 = D_1 \backslash D_4$ die DGL (2.3) mit k statt k_1 und die RB (2.5) bei geeigneter Bestimmung von A und B exakt erfüllt und b) auf ganz D_1 eine untere Schranke der klassischen Lösung der RWA ist. Mit Ausnahme der Linien D_4, auf denen k einen Knick bezüglich Φ hat, erfüllt also der Ansatz (2.12) die erwähnte RWA überall. Der Nachweis der Eigenschaft der unteren Schranke geschieht unter Verwendung von [6], da $\underline{q}$ auf D_4 die in [6] verlangte Konvexitätsbedingung eines in Bild 4 gezeigten Knicks erfüllt.

Es bezieht sich [6] auf parabolische RWA mit einer parabolischen Variablen x_0 und n nichtparabolischen Variablen $x_1, \ldots, x_n$. Da sich [6] auch auf die von x_0 unabhängigen „stationären Lösungen" bezieht, gilt die Theorie in [6] unter Berücksichtigung von [16] auch für elliptische RWA mit n unabhängigen Variablen; hier ist $n = 2$.

Obwohl der Ansatz (2.12) die RWA (2.3) mit k statt k_1 und (2.5) mit Ausnahme der Linien D_4 überall exakt erfüllt, ist die Abweichung zwischen $\underline{q}$ und der klassischen Lösung q der RWA auch außerhalb von D_4 nicht notwendig sehr klein. Da die explizite Darstellung der Lösung q der RWA aber wohl kaum möglich ist, ist die Kenntnis einer Näherungslösung $\underline{q}$ mit der Eigenschaft der unteren Schranke nützlicher als die Kenntnis irgendeiner Nähe-

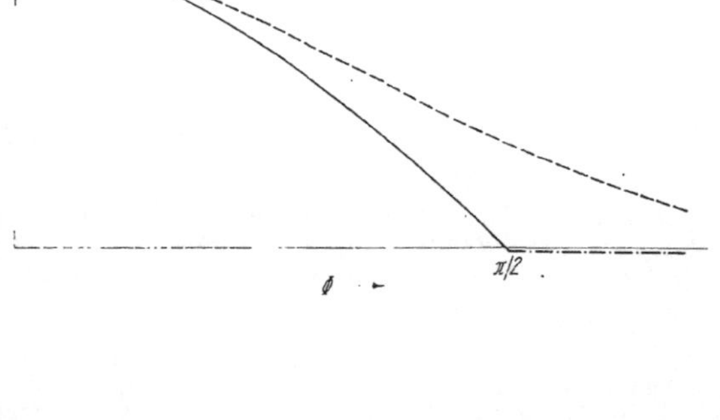

Bild 4. Zur Konvexitätsbedingung aus [6] mit $r = r_1$ und $r_1 > a$ bei festem r_0,
——— Glied $B(r_1) \cos \Phi$ im Ansatz (2.12) für $-\pi/2 < \Phi < \pi/2$,
—·—·— Fortsetzung von $B(r_1) \cos \Phi$ für $\pi/2 < \Phi < 3\pi/2$,
– – – – $q(r_1, \Phi) - A(r_1)$ mit q als unbekannter Lösung der RWA (2.3), (2.5)

rungslösung ohne Fehlerabschätzung: es ist q nämlich eine Approximation der Lösung $\underline{q}$ von unten her und liefert daher nach der (1.5) entsprechenden Integration der aus (1.8) folgenden zugehörigen Verteilung des Druckes $\underline{p}$ eine untere Schranke der Traglast.

3. Bestimmung der Funktionen A und B im Ansatz (2.12)

Als Vorbereitung zur Bestimmung einer unteren Schranke $\underline{q}$ der Lösung der RWA (2.3), (2.5) mit k statt k_1 unter Verwendung des Ansatzes (2.12) werden zunächst alle wesentlichen Größen dimensionslos gemacht. Dabei werden dimensionslose Größen durch einen oberen Index $\hat{}$ bezeichnet. Es werden verwendet

$$\hat{x} := \sqrt{\frac{\beta}{h_0}}\, x\,, \quad \hat{y} := \sqrt{\frac{\beta}{h_0}}\, y\,, \quad \hat{h} := \frac{h}{h_0}\,, \quad \hat{q} := \frac{\sqrt{h_0^3\beta}}{12 u_0 \mu_0}\, q\,, \tag{3.1}$$

wo β, h_0, u_0 und μ_0 dimensionsbehaftete positive Konstanten sind. In [10] sind alle Größen ebenso wie hier dimensionslos gemacht. Aus (2.2) folgt

$$-\frac{\partial}{\partial \hat{x}}\left(\hat{h}^3 \frac{\partial \hat{q}}{\partial \hat{x}}\right) - \frac{\partial}{\partial \hat{y}}\left(\hat{h}^3 \frac{\partial \hat{q}}{\partial \hat{y}}\right) = \frac{\partial \hat{h}}{\partial \hat{x}}\,. \tag{3.2}$$

Daraus ergibt sich durch Übergang zu den Polarkoordinaten $\hat{r}$ und Φ mit dem dimensionslosen Winkel Φ

$$\begin{gathered}
-\frac{1}{\hat{r}}\frac{\partial}{\partial \hat{r}}\left(\hat{r}\hat{h}^3 \frac{\partial \hat{q}}{\partial \hat{r}}\right) - \frac{\hat{h}^3}{\hat{r}^2}\frac{\partial^2 \hat{q}}{\partial \Phi^2} = \hat{k}(\hat{r}\,,\, \Phi) \quad \text{auf} \quad \hat{D}_1 \quad \text{mit} \\
\hat{k} := \begin{cases} \dfrac{\mathrm{d}\hat{h}}{\mathrm{d}\hat{r}} \cos \Phi & \text{auf} \quad \hat{D}_2\,, \quad \hat{h} = 1 + \hat{r}^2 - \hat{a}^2 \quad \text{auf} \quad \hat{D}_1\,, \\ 0 & \text{auf} \quad \hat{D}_3\,, \end{cases} \\
\hat{q}(\hat{r}_\infty, \Phi) = 0\,, \quad \hat{q}(\hat{a}, \Phi) = \hat{q}^* \quad \text{für} \quad 0 \leqq \Phi < 2\pi\,,
\end{gathered} \tag{3.3}$$

wo $\hat{D}_1$, $\hat{D}_2$ und $\hat{D}_3$ unter Verwendung von $\hat{r}$ statt r aus D_1, D_2 und D_3 entstehen. Es ist bequem, für die folgenden Ausführungen $r_\infty \to \infty$ zuzulassen, und das wird von nun an stets geschehen. Die Funktion $\underline{q}$ in (2.12) ist also Ansatz einer unteren Schranke im Fall $r_\infty \to \infty$. Zur Vereinfachung wird im folgenden $\hat{q}$ statt $\underline{\hat{q}}$ geschrieben.

Der (2.12) entsprechende Ansatz

$$\hat{q} = \begin{cases} \hat{A}(\hat{r}) + \hat{B}(\hat{r}) \cos \Phi & \text{auf} \quad \hat{D}_2\,, \\ \hat{A}(\hat{r}) & \text{auf} \quad \hat{D}_3\,, \end{cases} \tag{3.4}$$

ergibt wegen (2.5) die RB

$$\hat{A}(\hat{a}) = \hat{q}^*, \quad \lim_{\hat{r}\to\infty} \hat{A}(\hat{r}) = 0\,, \tag{3.5}$$

sowie

$$\hat{B}(\hat{a}) = 0, \quad \lim_{\hat{r}\to\infty} \hat{B}(\hat{r}) = 0\,. \tag{3.6}$$

Der Ansatz (3.4) ist mit der DGL in (3.3) verträglich, wenn gilt

$$-\frac{\mathrm{d}}{\mathrm{d}\hat{r}}\left(\hat{r}\hat{h}^3 \frac{\mathrm{d}\hat{A}}{\mathrm{d}\hat{r}}\right) = 0 \quad \text{für} \quad \hat{a} < \hat{r} < \infty \tag{3.7}$$

und

$$-\frac{1}{\hat{r}}\frac{\mathrm{d}}{\mathrm{d}\hat{r}}\left(\hat{r}\hat{h}^3 \frac{\mathrm{d}\hat{B}}{\mathrm{d}\hat{r}}\right) + \frac{\hat{h}^3}{\hat{r}^2}\hat{B} = \frac{\mathrm{d}\hat{h}}{\mathrm{d}\hat{r}} \quad \text{für} \quad \hat{a} < \hat{r} < \infty\,. \tag{3.8}$$

Aus (3.7) und (3.5) folgen mit $\hat{c}_1 = \text{const.}$ und mit $R := \hat{r}^2 + 1 - \hat{a}^2$

$$\begin{gathered}
\frac{\mathrm{d}\hat{A}}{\mathrm{d}\hat{r}} = \frac{\hat{c}_1}{\hat{r}\hat{h}^3(\hat{r})} \Rightarrow \hat{A} = \hat{q}^* + \hat{c}_1 \int_{\hat{a}}^{\hat{r}} \frac{\mathrm{d}\hat{\varrho}}{\hat{\varrho}(\hat{\varrho}^2 + 1 - \hat{a}^2)^3}\,, \\
\int_{\hat{a}}^{\hat{r}} \frac{\mathrm{d}\hat{\varrho}}{\hat{\varrho}(\hat{\varrho}^2 + 1 - \hat{a}^2)^3} = \frac{\ln \dfrac{R}{\hat{r}^2} + \dfrac{2\hat{r}^2}{R} - \dfrac{\hat{r}^4}{2R^2} - \ln \dfrac{1}{\hat{a}^2} - 2\hat{a}^2 + \dfrac{\hat{a}^4}{2}}{2(\hat{a}^2 - 1)^3} \\
\text{im Fall } \hat{a} \neq 1\,, \\
\int_1^{\hat{r}} \frac{\mathrm{d}\hat{\varrho}}{\hat{\varrho}^7} = \frac{1}{6}\left(1 - \frac{1}{\hat{r}^6}\right) \qquad \text{im Fall } \hat{a} = 1\,,
\end{gathered} \tag{3.9}$$

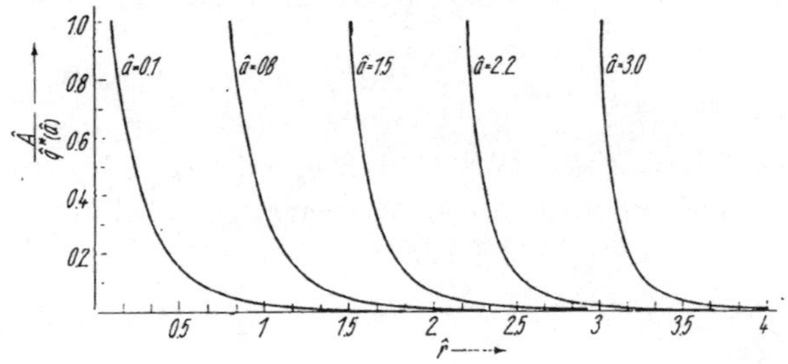

Bild 5a. Die von $\hat{r}$ und $\hat{a}$ abhängige Funktion $\hat{A}$ aus (3.9) für $0 < \hat{a} \leq 3$

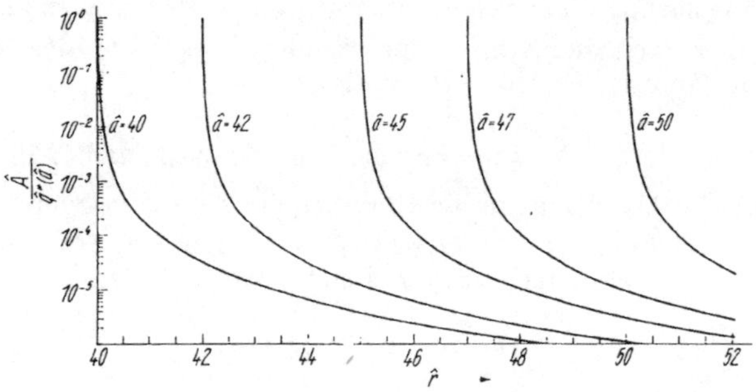

Bild 5b. Die von $\hat{r}$ und $\hat{a}$ abhängige Funktion $\hat{A}$ aus (3.9) für $40 \leq \hat{a} \leq 50$

wo die Stetigkeit des ersten Integrals für $\hat{a} \to 1 \pm 0$ aus einem bekannten Satz der Analysis folgt. Durch Anwendung der L'HOSPITALschen Regel zeigt man, daß

$$\lim_{\hat{a}\to 0} \hat{a} \int_{\hat{a}}^{\infty} \frac{d\hat{\varrho}}{\hat{\varrho}\hat{h}^3(\hat{\varrho})} = \lim_{\hat{a}\to 0} \hat{a} \, \frac{\frac{3}{2} - \ln\frac{1}{\hat{a}^2} - 2\hat{a}^2 + \frac{\hat{a}^4}{2}}{2(\hat{a}^2-1)^3} = 0 \tag{3.9a}$$

gilt. Die von $\hat{r}$ abhängige Funktion $\hat{A}/\hat{q}^*$ ist in Bild 5 für mehrere Werte von $\hat{a}$ dargestellt. Unter Verwendung von $\hat{h}(\hat{a}) = 1$ und (3.9) wird auch hier entsprechend (1.14) die Bedingung

$$\frac{\partial\hat{q}(\hat{a},0)}{\partial\hat{r}} = \hat{A}'(\hat{a}) + \hat{B}'(a) = \hat{B}'(a) - \frac{\hat{q}^*(\hat{a})}{\hat{a}}\left(\int_{\hat{a}}^{\infty}\frac{d\hat{\varrho}}{\hat{\varrho}\hat{h}^3(\hat{\varrho})}\right)^{-1} = 0 \tag{3.10}$$

zur Bestimmung von $\hat{q}^*(\hat{a})$ gestellt, wo $\hat{B}'(\hat{a})$ auf Grund der folgenden Ausführungen numerisch bestimmt wird und $\lim\limits_{\hat{a}\to 0}\hat{q}^*(\hat{a}) = 0$ aus (3.9a) wegen $\hat{B}'(\hat{a}) \neq 0$ folgt.

Die DGL (3.8) wird mit $\hat{r}^2/\hat{h}^3(\hat{r})$ multipliziert:

$$\begin{aligned} &-\hat{r}^2\hat{B}'' - \hat{r}\hat{g}(\hat{r})\,\hat{B}' + \hat{B} = \hat{m}(\hat{r}) \quad \text{für} \quad \hat{a} < \hat{r} < \infty \\ &\text{mit } \hat{g} := 1 + \frac{3\hat{r}\hat{h}'(\hat{r})}{\hat{h}(\hat{r})}, \quad \text{und} \quad \hat{m}(\hat{r}) := \frac{\hat{r}^2\hat{h}'(\hat{r})}{\hat{h}^3(\hat{r})} \quad \text{für} \quad \hat{a} < \hat{r} < \infty\,. \end{aligned} \tag{3.11}$$

Aus (3.3) und (3.11) folgen

$$\hat{g} = 1 + \frac{6\hat{r}^2}{1+\hat{r}^2-\hat{a}^2} \quad \text{und} \quad \hat{m} = \frac{2\hat{r}^3}{[1+\hat{r}^2-\hat{a}^2]^3}, \tag{3.12}$$

so daß gilt:

$$1 < \hat{g}(\hat{r}) < 7 \quad \text{und} \quad 2\hat{a}^3 \geqq \hat{m}(\hat{r}) > 0 \quad \text{für} \quad \hat{a} < \hat{r} < \infty \tag{3.13}$$

sowie

$$\hat{g}(\hat{r}) = 7 \quad \text{und} \quad \hat{m}(\hat{r}) = \frac{2}{\hat{r}^3} \quad \text{für} \quad \hat{a} = 1 \quad \text{und in der Grenze } \hat{r} \to \infty\,. \tag{3.14}$$

Die RWA (3.11), (3.6) wird unter Verwendung einer positiven Konstanten $s = \varepsilon$ als invers-isoton unter Zulassung des Gleichheitszeichens nachgewiesen [16]; sie besitzt daher höchstens eine klassische Lösung, für die $\hat{B} \geqq 0$ wegen $\hat{m} \geqq 0$ gilt. Die Existenz einer solchen Lösung ergibt sich dann daraus, daß die RWA eine gewöhnliche STURM-LIOUVILLE-Aufgabe ist.

Die DGL (3.11) wird in den in (3.14) genannten Fällen durch

$$\hat{C} = \hat{\tau}_1\hat{r}^{-3-\sqrt{10}} + \hat{\tau}_2\hat{r}^{-3+\sqrt{10}} + 0.2\hat{r}^{-3} \quad \text{mit} \quad \hat{\tau}_1, \hat{\tau}_2 = \text{const.} \tag{3.15}$$

gelöst. In den beiden in (3.14) genannten Fällen erhält man daher durch geeignete Verfügung über die freien Integrationskonstanten $\hat{\tau}_1$ und $\hat{\tau}_2$

$$\begin{aligned} &\hat{C} = 0.2\,(\hat{r}^{-3} - \hat{r}^{-3-\sqrt{10}}) \quad \text{für} \quad \hat{a} = 1 \leqq \hat{r} < \infty\,, \\ &\text{im Fall } \hat{a} = 1 \text{ unter Verwendung der RB } \hat{C}(\hat{a}) = \lim_{\hat{r}\to\infty}\hat{C}(\hat{r}) = 0\,, \end{aligned} \tag{3.16}$$

sowie eine asymptotische Lösung

$$\begin{aligned} &\hat{C} = \left(\frac{\hat{r}_0}{\hat{r}}\right)^{3+\sqrt{10}}[\hat{C}(\hat{r}_0) - 0.2\hat{r}_0^{-3}] + 0.2\hat{r}^{-3} \quad \text{für} \quad \hat{r}_0 \leqq \hat{r} < \infty \\ &\text{im Fall hinreichend großer } \hat{r}_0 \text{ unter Verwendung der RB} \\ &\lim_{\hat{r}\to\infty}\hat{C}(\hat{r}) = 0,\ \hat{C}(\hat{r}_0) \text{ ist frei}\,. \end{aligned} \tag{3.17}$$

Im Fall $\hat{a} \neq 1$ mit $\hat{a} > 0$ wurden mit jeweils fester Wahl der Konstanten $\hat{r}_0$ und $\hat{a}$ die beiden RWA

$$-\hat{r}^2\hat{B}_h'' - \hat{r}\hat{g}(\hat{r})\,\hat{B}_h' + \hat{B}_h = 0 \quad \text{für} \quad \hat{a} < \hat{r} < \hat{r}_0\,, \qquad \hat{B}_h(\hat{a}) = 0, \quad \hat{B}_h(\hat{r}_0) = 1 \tag{3.18}$$

und

$$-\hat{r}^2\hat{B}_p'' - \hat{r}\hat{g}(\hat{r})\,\hat{B}_p' + \hat{B}_p = \hat{m}(\hat{r}) \quad \text{für} \quad \hat{a} < \hat{r} < \hat{r}_0\,, \qquad \hat{B}_p(\hat{a}) = 0\,, \quad \hat{B}_p(\hat{r}_0) = 0 \tag{3.19}$$

numerisch durch ein Differenzenverfahren unter Verwendung eines nicht äquidistanten Gitters gelöst, bei dem die Schrittweite zusammen mit $\hat{r}$ geeignet wächst. Der mit einer beliebigen Konstanten $\hat{c}$ gebildete Ansatz

$$\hat{B}(\hat{r}) = \hat{c}\hat{B}_h(\hat{r}) + \hat{B}_p(\hat{r}) \quad \text{für} \quad \hat{a} \leqq \hat{r} \leqq \hat{r}_0 \tag{3.20}$$

erfüllt konstruktionsgemäß (3.11) und (3.6) mit Ausnahme der RB für $\hat{r} \to \infty$. Die freien Konstanten $\hat{c}$ in (3.20) und $\hat{C}(\hat{r}_0)$ in (3.17) können durch Zusammenpassen der nun für $\hat{r} \geqq \hat{r}_0$ als gültig angenommenen asymptotischen Lösung (3.17) mit der aus (3.18), (3.19) für $\hat{a} \leqq \hat{r} \leqq \hat{r}_0$ bestimmten numerischen Lösung berechnet werden; sie sind daher Lösungen der Gleichungen

$$\hat{C}'(\hat{r}_0) = \hat{B}'(\hat{r}_0) \quad \text{und} \quad \hat{C}(\hat{r}_0) = \hat{B}(\hat{r}_0)\,, \tag{3.21}$$

wo $\hat{B}(\hat{r}_0) = \hat{c}$ aus (3.18)—(3.20) folgt. Wegen der ersten Bedingung in (3.21) erhält man aus (3.17)—(3.20)

$$\hat{c} = \hat{C}(\hat{r}_0) = \frac{0.2\sqrt{10}\,\hat{r}_0^{-4} - \hat{B}_p'(\hat{r}_0)}{\hat{B}_h'(\hat{r}_0) + (3 + \sqrt{10})\,\hat{r}_0^{-1}}\,, \tag{3.22}$$

wo $\hat{B}_h'(\hat{r}_0)$ und $\hat{B}_p'(\hat{r}_0)$ unter Verwendung der für $\hat{a} \leqq \hat{r} \leqq \hat{r}_0$ berechneten Differenzenlösungen approximiert werden. Der Nenner in der rechten Seite von (3.22) ist von Null verschieden, da $\hat{B}_h'(\hat{r}_0) \geqq 0$ wegen $\hat{B}_h(\hat{r}_0) = 1$ und $\hat{B}_h(\hat{r}) \leqq 1$ gelten, wo sich die letzte Ungleichung aus der Invers-Isotonie der RWA (3.18) ergibt. Damit hat man für $\hat{a} \leqq \hat{r} \leqq \hat{r}_0$ die Lösung (3.20) und für $\hat{r} > \hat{r}_0$ die dazu passende asymptotische Lösung (3.17); so konstruierte Funktionen $\hat{B}$ sind in Bild 6 für einige Werte von $\hat{a}$ in Abhängigkeit von $\hat{r}$ dargestellt. Die Genauigkeit, mit der die Differenzenlösungen die jeweilige exakte Lösung approximieren, konnte durch Vergleich der im Fall $\hat{a} = 1$ bestimmten Differenzenlösung mit der dann gültigen expliziten Lösung (3.16) ermittelt werden; dabei stellte sich eine maximale Abweichung der beiden Lösungen von weniger als 2% heraus. Diese Genauigkeit dürfte für alle $\hat{a}$ in $0 < \hat{a} \leqq 10$ gelten.

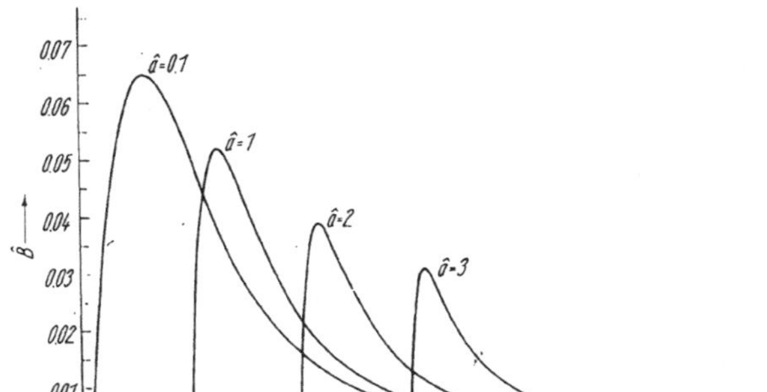

Bild 6a. Die von $\hat{r}$ und $\hat{a}$ abhängige Funktion $\hat{B}$ aus (3.20) für $0 < \hat{a} \leqq 3$

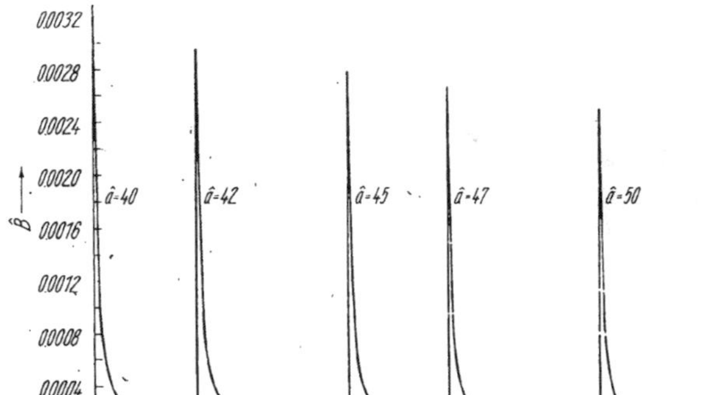

Bild 6b. Die von $\hat{r}$ und $\hat{a}$ abhängige Funktion $\hat{B}$ aus (3.20) für $40 \leqq \hat{a} \leqq 50$

4. Ergebnisse für den Spaltdruck p^* und die Dicke h_0 des Hertzschen Spaltes

In der Transformation (1.8) sind $p = 0$ und $q = 0$ äquivalent. Wegen der RB $\lim_{\hat{r}\to\infty} \hat{q} = 0$ ist die auf Grund von 3. berechenbare Funktion $\hat{q}$ ein relativer Druck, bei dessen Verschwinden der absolute Druck p einen festen Wert c hat. Aus (1.8), (3.1) und (2.5) erhält man daher den Ausdruck

$$p^* + c = -\frac{1}{\alpha}\ln\left[1 - 12\,\frac{\alpha u_0 \mu_0}{\sqrt{\beta h_0^3}}\,\hat{q}^*(\hat{a})\right] \tag{4.1}$$

für den im HERTZschen Spalt herrschenden konstanten absoluten Druck $\hat{p}^* + c$, wo $\hat{q}^*(\hat{a})$ in Bild 7 dargestellt ist. Aus der Theorie der HERTZschen Pressung erhält man nach [3]

$$\frac{a}{R} = \pi\frac{p_{Hz}}{E_D}, \quad R := \frac{1}{\dfrac{1}{R_1} + \dfrac{1}{R_2}} = \frac{1}{2\beta}, \quad E_D = \frac{2}{\pi}\left[\frac{1 - \nu_1^2}{\pi E_1} + \frac{1 - \nu_2^2}{\pi E_2}\right]^{-1} \tag{4.2}$$

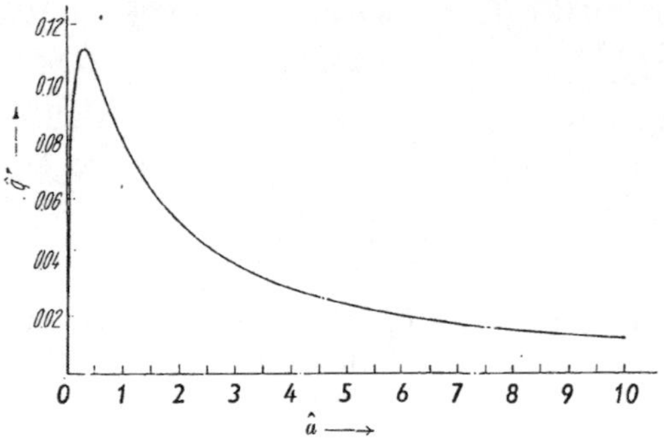

Bild 7. Die Funktion $\hat{q}^*(\hat{a})$ aus (3.10)

mit R_1 und R_2 als den Radien der beiden festen Kugeln, welche die Elastizitätsmodule E_1 bzw. E_2 und die Querzahlen ν_1 bzw. ν_2 besitzen. Die Gleichsetzung von R mit $(2\beta)^{-1}$ in (4.2) beruht auf einer in 1. eingeführten Näherungsannahme. Wegen (3.1) und (4.2) gilt

$$\hat{a} = \sqrt{\frac{\beta}{h_0}}\, a = \frac{1}{\sqrt{2}} \frac{1}{\sqrt{Rh_0}} \frac{R\pi p_{\mathrm{Hz}}}{E_D} = \frac{\pi}{\sqrt{2}} \frac{p_{\mathrm{Hz}}}{E_D} \sqrt{\frac{R}{h_0}} . \tag{4.3}$$

Damit erhält man schließlich

$$\frac{p^* + c}{p_{\mathrm{Hz}}} = - \frac{1}{\alpha p_{\mathrm{Hz}}} \ln \left[1 - 12 \sqrt{2} \left(\frac{\alpha u_0 \mu_0}{R} \right) \left(\frac{R}{h_0} \right)^{3/2} \hat{q}^*(\hat{a}) \right], \tag{4.4}$$

wo der Wertebereich des Ausdruckes in der eckigen Klammer konstruktionsgemäß die Grenzen Null und Eins hat. Dieses Ergebnis für $(p^* + c)/p_{\mathrm{Hz}}$ ist insbesondere wegen der beiden folgenden Gründe erfahrungsgemäß [20] eine schlechte Approximation der im Hertzschen Spalt vorliegenden Druckverteilung:

a) während hier im mathematischen Modell die Existenz eines Hertzschen Spaltes mit $0 \leqq r \leqq a$ und einem konstanten Druck p^* angenommen worden ist, liegt nach der Theorie der Hertzschen Pressung dort eine ellipsoidartige Druckverteilung mit Größtwert in $r = 0$ vor. Für die zugehörige Funktion $\hat{q}$ erhält man hier eine untere Schranke $\underline{\hat{q}}$,

b) die Brauchbarkeit der hier benutzten kontinuumsmechanischen Beschreibung ist fragwürdig, da die Schichtdicke des im Hertzschen Spalt strömenden Öls größenordnungsmäßig etwa 100 Moleküldurchmesser des Öls betragen kann [20].

Aus den eben genannten Gründen werden in Arbeiten über das elastohydrodynamische Problem keine Vergleiche von theoretischen und experimentellen Daten für die Druckverteilung angegeben. Aus noch zu diskutierenden Gründen ist dagegen sogar ein quantitativer Vergleich theoretischer und experimenteller Werte für die Schichtdicke h_0 im Hertzschen Spalt zufriedenstellend [20]. An sich gehört h_0 zu dem im Rahmen des benutzten Modells vorzugebenden Koeffizienten $h(x, y)$. Wenn man aber die schon im Zusammenhang mit der Existenz eines Hertzschen Spaltes benutzte Annahme hinreichend großer Lasten verwendet und daher sogar $p^* \to \infty$ betrachtet, erhält man aus (4.1) in der Grenze das Verschwinden des Ausdruckes in eckigen Klammern, d. h.

$$h_0^{3/2} = 12 \frac{\alpha u_0 \mu_0}{\sqrt{\beta}} \hat{q}^*(\hat{a}) . \tag{4.5}$$

Unter Verwendung von (4.2) und der durch

$$\hat{\sigma} := \frac{h_0}{R}, \quad \hat{\tau} := \frac{p_{\mathrm{Hz}}}{E_D}, \quad \hat{\omega} := \frac{\alpha u_0 \mu_0}{R} \tag{4.6}$$

definierten dimensionslosen Größen kann (4.5) in der Form

$$\hat{\sigma} = (12 \sqrt{2})^{2/3} \hat{\omega}^{2/3} \left[\hat{q}^* \left(\frac{\pi}{\sqrt{2}} \frac{\hat{\tau}}{\sqrt{\hat{\sigma}}} \right) \right]^{2/3} \tag{4.7}$$

geschrieben werden. Nach Einsetzen der in Bild 7 erscheinenden Funktion $\hat{q}^*(\hat{a})$ erhält man damit die in Bild 8 dargestellte Abhängigkeit zwischen den Größen $\hat{\sigma}$, $\hat{\tau}$ und $\hat{\omega}$. Die dort verwendeten Wertebereiche von $\hat{\tau}$ und $\hat{\omega}$ beruhen auf der Berücksichtigung des folgenden typischen Wertesatzes [20]:

$$\alpha = 0.2 \frac{\mathrm{mm}^2}{\mathrm{kp}}, \quad E = (2.1)\ 10^4 \frac{\mathrm{kp}}{\mathrm{mm}^2}, \quad \nu = 0.3, \quad \mu_0 = 1 \text{ poise} ,$$

$$p_{\mathrm{Hz}} = 72 \frac{\mathrm{kp}}{\mathrm{mm}^2}, \quad u_0 = 1 \frac{\mathrm{m}}{\mathrm{sec}}, \quad R = 100 \text{ mm} ,$$

aus dem sich

$$\hat{\omega} = (2)\ 10^{-8} \quad \text{und} \quad \hat{\tau} \cong (3.12)\ 10^{-3}$$

ergeben. Der praktisch interessierende Wertebereich der im Ausdruck für $\hat{\omega}$ auftretenden Parameter ist viel größer als derjenige der Daten im Ausdruck für $\hat{\tau}$. Daher zeigen die in Bild 8 dargestellten Kurven eine stärkere Änderung

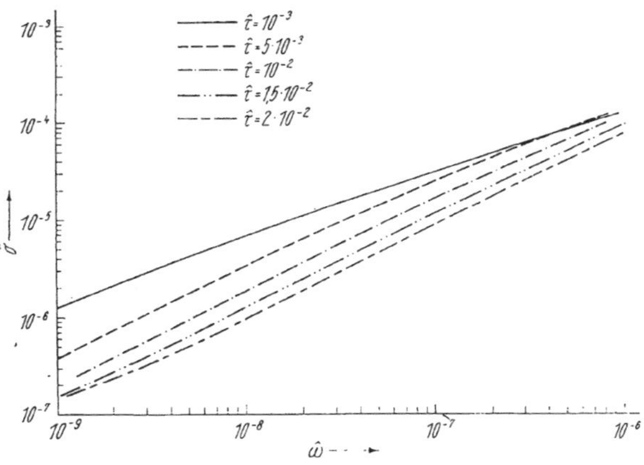

Bild 8. Die von $\hat{\omega}$ und τ abhängige Funktion $\hat{\sigma}$ aus (4.7)

der Größe $\hat{\sigma}$ mit $\hat{\omega}$ als mit $\hat{\tau}$. Diese relativ geringe Abhängigkeit der Größe h_0/R von der Druckverteilung erklärt, warum sich selbst grobe Approximationen der Druckverteilung so wenig auf den hier bestimmten Ausdruck h_0/R auswirken, der herleitungsgemäß vor allem durch die Bauart der rechten Seite in (4.4) bestimmt ist.

Zum Vergleich von (4.5) mit dem in [2] ebenso wie hier in der Grenze großer Lasten erhaltenen Ausdruck für h_0 wird $\hat{q}^*(\hat{a})$ in der rechten Seite von (4.5) durch die Konstante $\hat{\lambda}$ ersetzt. Dann kann man (4.5) in der Form

$$f = \frac{12}{\sqrt{\pi}} \hat{\lambda} \psi^{-1/2} \quad \text{mit} \quad f := \frac{h_0^2}{\mu_0 u_0 \alpha a} \quad \text{und} \quad \psi := \frac{a^2}{2\pi R h_0} \tag{4.8}$$

unter Verwendung der Größen Ψ und f schreiben, welche in Bild 3.6 in [2] benutzt werden, um dort die Ergebnisse der in [2] entwickelten theoretischen Behandlung darzustellen. Da diese Resultate in [2] von keinem weiteren Parameter abhängen, zeigt der Ersatz von $\hat{q}^*(\hat{a})$ durch die Konstante $\hat{\lambda}$ die in [2] relativ grobe Approximation der hier genauer erfaßten Lösung des behandelten Problems. Aus Tabelle 1 erkennt man, daß sich durch die Wahl $\hat{\lambda} = 0{,}07$ Übereinstimmung von (4.5) und (4.8) vor allem für große Werte von $a^2/(2\pi R h_0)$ erreichen läßt. Bild 7 zeigt, daß diese Wahl $\hat{\lambda} = 0{,}07$ die dort dargestellte Funktion $\hat{q}^*(\hat{a})$ in der Nähe ihres Maximums approximiert.

Tabelle 1. Vergleich von (4.5) mit Resultaten in [2]
Die mit dem Zeichen ≅ versehenen Zahlen sind durch Ablesen in Bild 3.6 in [2] bestimmt.

$\frac{a^2}{2\pi R h_0}$	$\frac{h_0^2}{\mu_0 u_0 \alpha a}$	
	nach (4.8) mit $\hat{\lambda} = 0.07$	nach Lösung (b) in [2]
1	0,473919	≅ 0,65
10	0,149866	≅ 0,20
100	0,047392	≅ 0,045

Tabelle 2. Bestimmung des Exponenten n im Ansatz (4.9)

$\hat{a}$	$\hat{q}^*$	$\hat{q}^* = \frac{0.10548}{\hat{a}^n}$		
	aus 3.	$n = 0{,}50$	$n = 0{,}62$	$n = 0{,}75$
1	0,10548	0,10548	0,10548	0,10548
2	0,081295	0,074585	0,068633	0,062718
4	0,051838	0,052740	0,044650	0,037290
10	0,023765	0,033350	0.025300	0,018750
20	0,012326	0,023586	0,016460	0,011150
30	0,008305	0,019250	0,012800	0,008228
50	0,005031	0,014917	0,009328	0,005609

Zum Vergleich von (4.5) mit den einschlägigen Ergebnissen in [3], welche ebenso wie hier in der Grenze großer Lasten gelten, wird zunächst der abfallende Ast der Kurve in Bild 7 durch den Ansatz

$$\hat{q}^* = \frac{c}{\hat{a}^n} \quad \text{mit} \quad c, n = \text{const.} > 0 \tag{4.9}$$

approximiert. Die in der zweiten Spalte der Tabelle 2 erscheinenden Ergebnisse aus 3. liefern $c = 0{,}10548$. Die drei letzten Spalten in Tabelle 2 vergleichen die Auswertung von (4.9) für drei Wahlen von n mit den in der zweiten Spalte aufgeführten Resultaten aus 3. Man erkennt, daß die Wahl $n = 0{,}75$ für $10 \leqq \hat{a} \leqq 50$ die beste Approximation im Vergleich zu $n = 0{,}5$ und $n = 0{,}62$ liefert. Aus (4.5) folgt wegen (4.2) bei Ersatz von $\hat{q}^*(\hat{a})$ durch die rechte Seite von (4.9)

$$\frac{h_0}{R} = 0.825373 \left(\frac{u_0 \mu_0 \alpha}{R}\right)^{0.8889} \left(\frac{p_{\mathrm{Hz}}}{E_D}\right)^{-0.6667} \quad \text{für} \quad n = 0{,}75 \tag{4.10}$$

bei Verwendung der für $\hat{a} \geqq 10$ brauchbaren Approximation (4.9) der in Bild 8 dargestellten Funktion $\hat{q}^*(\hat{a})$. Wenn $n = 0{,}5$ für $1 < \hat{a} < 10$ verwendet wird, sind die Exponenten $+0{,}8$ bzw. $-0{,}4$.

Der entsprechende Ausdruck in [3]

$$\frac{h_0}{R} = 1.30 \left(\frac{u_0 \mu_0 \alpha}{R}\right)^{0.725} \left(\frac{p_{\mathrm{Hz}}}{E_D}\right)^{-0.174} \quad \text{für} \quad n = 0.62 \tag{4.11}$$

unterscheidet sich wegen des in (4.10) und in (4.11) verwendeten Ansatzes (4.9) so wenig von (4.10), daß damit die numerischen Ergebnisse für h_0/R in [3] Approximationen des abfallenden Astes der Kurve in Bild 7 für $\hat{a} \geqq 10$ sind.

Man erkennt, daß in verschiedenen Intervallen von $\hat{a}$ die hier erhaltene Lösung für h_0/R in (4.5) den einschlägigen Lösungen für h_0/R in [2] und in [3] entspricht. Da die hier erhaltene Lösung aber 1.) für $\hat{a} \in (0{,}50]$ bestimmt ist und 2.) weitgehender als diejenigen in [2] und in [3] explizit ermittelt worden ist, dürfte sie größere Zuverlässigkeit als die Lösungen in [2] und in [3] haben. Damit wird auch der in [2] und in [3] nicht auftretende ansteigende Ast der Kurve für $\hat{q}^*(\hat{a})$ in Bild 7 gerechtfertigt.

Wenn das einfache Potenzgesetz in (4.10) nicht genügt, oder aber $\hat{a} < 10$ ist, sollte h_0/R unter Verwendung von (4.5) und der Funktion $\hat{q}^*(\hat{a})$ aus Bild 8 bestimmt werden.

Die Verfasser danken Professor Dr.-Ing. G. NIEMANN, Professor Dr.-Ing. H. WINTER, Dipl.-Ing. P. OSTER und Dipl.-Ing. H. VOJACEK, alle Institut für Maschinenelemente der Technischen Universität München, für Literaturhinweise und sehr nützliche Diskussionen. Die Verfasser danken außerdem Dr. rer. nat. H. SPREUER, Institut für Angewandte Mathematik der Universität Karlsruhe (TH), für die Überwachung der numerischen Arbeiten.

Literatur

1 ADAMS, E.; SPREUER, H., Uniqueness and Stability for Boundary Value Problems with Weakly Coupled Systems of Nonlinear Integro-Differential Equations and Application to Chemical Reactions, J. Math. Analysis and Applications **49**, p. 393—410 (1975).

2 ARCHARD, J. F.; COWKING, E. W., Elastohydrodynamic Lubrication at Point Contacts, Proc. Int. Mech. Engrs 180, Pt. 3B, p. 47—56 (1965/66).

3 CHENG, H. S., A Numerical Solution of the Elastohydrodynamic Film Thickness in an Elliptical Contact, J. of Lubrication Technology 92, p. 155—161 (1970).

4 COLLATZ, L., Funktionalanalysis und Numerische Mathematik, Springer-Verlag, Berlin/Göttingen/Heidelberg, 1964.

5 DI PRIMA, R. C., Higher Order Approximations in the Asymptotic Solution of the REYNOLDS Equation for Slider Bearings at High Bearing Numbers, J. of Lubrication Technology **91**, p. 45—51 (1969).

6 FAASS, E., Beliebig genaue numerische Schranken für die Lösung parabolischer Randwertaufgaben, Dissertation Universität Karlsruhe 1975.

7 FOORD, C. A.; HAMMANN, W. C.; CAMERON, A., Evaluation of Lubricants Using Optical Elastohydrodynamics, ASLE Transactions **11**, p. 31—43 (1968).

8 FRIEDMAN, A., Partial Differential Equations of Parabolic Type, Prentice Hall Inc., Englewood Cliffs, N.J., 1964.

9 HERTZ, H., Über die Berührung fester elastischer Körper und über die Härte, in: Ges. Werke H. HERTZ, Bd. **1**, Leipzig 1895, p. 155—196.

10 KAPITZA, P. L., Hydrodynamic Lubrication of Lubrication During Rolling, Zhurn Jekh. Fiz. **25**, p. 747 ... (1955) (Übersetzung des Titels des russischen Originals nach [3]).

11 LANGLOIS, W. E., Isothermal Squeeze Films, Quart. Appl. Mech. **20** p. 131—150 (1962).

12 LAMB, H., Hydrodynamics, Dover Publications, New York, 6. Aufl., Nachdruck von 1945.

13 NIEMANN, G., Maschinenelemente, Springer-Verlag, Berlin/Göttingen/Heidelberg, Band **I** 2. Aufl. (1975), Band **II** (1960).

14 REYNOLDS, O., Phil. Trans. Roy. Soc. 1886 Pt. I (zitiert nach Seite 99 in [15]).

15 SCHLICHTING, H., Boundary Layer Theory, Mc Graw-Hill Book Co. Inc., New York/Toronto/London und Verlag G. Braun, Karlsruhe, 1960.

16 SPREUER, H.; ADAMS, E., Hinreichende Bedingung für Ausschluß von Eigenwerten in Parameterintervallen bei einer Klasse von linearen homogenen Funktionalgleichungen, ZAMM 52, S. 479—485 (1972).

17 WALTER, W., Differential and Integral Inequalities, Springer-Verlag, Berlin, Heidelberg, New York (1970).

18 WEBER, C.; SAALFELD, K., Schmierfilm bei Walzen mit Verformung, ZAMM **34**, S. 54—64 (1954).

19 WEBER, C., Kugelschmierung, unveröffentlichter Bericht, 1969.

20 Mündliche Mitteilung aus dem Institut für Maschinenelemente der TU München.

21 RANGER, A. P.; ETTLES, C. M. M.; CAMERON, A., The solution of the point contact elasto-hydrodynamic problem, Proc. R. Soc. Lond. A **346**, S. 227—244 (175).

Eingereicht am 15. 5. 1977

Anschriften: Professor Dr.-Ing. Dr.-Ing. E. h. CONSTANTIN WEBER† (verstorben 14. 8. 1976), Wiehbergstr. 26c, 3000 Hannover 81, BRD — Professor Dr.-Ing. ERNST ADAMS, Institut für Angewandte Mathematik, Universität Karlsruhe (TH), Kaiserstraße 12, 75 Karlsruhe, BRD

ZAMM 58, 189–198 (1978)

J. FÖRSTE

Über die Lösbarkeit der Feldgleichungen des Zweiflüssigkeitsmodells für ein staubbeladenes Gas

Die Strömung eines staubigen Gases in einem beschränkten räumlichen Gebiet wird durch das Zweiflüssigkeitsmodell beschrieben. Mit Hilfe eines Iterationsverfahrens wird gezeigt, daß es ein Zeitintervall gibt, dessen Länge von den Anfangswerten der Geschwindigkeiten und der Dichtegradienten und den äußeren Kräften abhängt, in dem die Feldgleichungen lösbar sind. Es wird bewiesen, daß diese Lösung eindeutig bestimmt ist.

The flow of a dusty gas in a bounded three-dimensional region is described by the two-fluid model field-equations. The existence of a time interval in which the field equations have a solution is shown by an iteration method. The length of this time-interval depends on the initial values of the velocities and the density gradients and on the outer forces. It is shown that this solution is unique.

Течение пыльного газа в органичной трёхмерной области написано моделю двух жидкости. С помощю метода последовательных приближений доказано, что существует промежуток времени в котором начально-краевая задача имеет решение. Длина промежутка зависит от величины скоростей и градиентов плотностей в начальный момент и от внешних сил. И доказано единственность решения.

Aufgabenstellung

Wir fassen Gas und Staub als Flüssigkeiten mit den Massendichten ϱ und σ auf. Die Strömungsgeschwindigkeiten in dem beschränkten räumlichen Gebiet Ω bezeichnen wir mit $\mathfrak{u}$ und $\mathfrak{v}$ und die Druckfelder mit p und q; die dynamischen Zähigkeitskoeffizienten μ und μ_S sehen wir als gegebene positive Konstanten an. Das Zweiflüssigkeitsmodell liefert nach M. ISHII [1] (Seite 90/91) für ϱ, $\mathfrak{u}$, p; σ, $\mathfrak{v}$, q die Gleichungen

$$\frac{\partial \varrho}{\partial t} + \operatorname{div}(\varrho \mathfrak{u}) = 0, \tag{1}$$

$$\frac{\partial \sigma}{\partial t} + \operatorname{div}(\sigma \mathfrak{v}) = 0, \tag{2}$$

$$\varrho\left(\frac{\partial \mathfrak{u}}{\partial t} + (\mathfrak{u} \operatorname{grad})\, \mathfrak{u}\right) = -\operatorname{grad} p + \mu\, \Delta \mathfrak{u} + \frac{1}{3}\mu \operatorname{grad} \operatorname{div} \mathfrak{u} + \varrho \mathfrak{g} + \frac{1}{\tau}\sigma(\mathfrak{v} - \mathfrak{u}), \tag{3}$$

$$\sigma\left(\frac{\partial \mathfrak{v}}{\partial t} + (\mathfrak{v} \operatorname{grad})\, \mathfrak{v}\right) = -\operatorname{grad} q + \mu_S\, \Delta \mathfrak{v} + \frac{1}{3}\mu_S \operatorname{grad} \operatorname{div} \mathfrak{v} + \sigma \mathfrak{g} + \frac{1}{\tau}\sigma(\mathfrak{u} - \mathfrak{v}). \tag{4}$$

Dabei haben wir von Phasenübergängen abgesehen, die Mobilitätskoeffizienten (vgl. ISHII [1], Seite 185) gleich Null angenommen und für die Wechselwirkung zwischen Gas und Staub nach MARBLE [2] (Seite 401)

$$\mathfrak{F} = \frac{\sigma}{\tau}(\mathfrak{v} - \mathfrak{u})$$

gesetzt. $\tau = m/(6\pi r_0 \mu)$ bezeichnet die Zeit, die ein Staubteilchen benötigt, um seine Relativgeschwindigkeit gegenüber dem Gas auf das e^{-1}-fache zu reduzieren, wobei r_0 den Staubteilchenradius, m die Staubteilchenmasse und μ die dynamische Zähigkeit des Gases bezeichnet. Diese Teilchenvorstellung paßt nicht in das Kontinuumsmodell; wir stellen uns daher auf den Standpunkt, τ sei eine gegebene positive Konstante. $\mathfrak{g}$ bezeichnet die Erdbeschleunigung oder rührt von einer anderen stetigen äußeren Volumenkraft her. Wir setzen voraus, p und ϱ sowie q und σ seien durch Zustandsgleichungen voneinander abhängig, dabei sollen $p(\varrho)$ und $q(\sigma)$ Funktionen mit LIPSCHITZ-stetigen Ableitungen sein. Auf dem stetig gekrümmten Rande S von Ω mögen beide Fluide die Haftbedingung

$$\mathfrak{u}|_S = 0, \qquad \mathfrak{v}|_S = 0 \tag{5), (6}$$

erfüllen, und zur Zeit $t = 0$ seien die Dichten und Geschwindigkeiten in Ω gegeben:

$$\varrho|_{t=0} = \varrho_0, \qquad \sigma|_{t=0} = \sigma_0, \tag{7), (8}$$

$$\mathfrak{u}|_{t=0} = \mathfrak{u}_0, \qquad \mathfrak{v}|_{t=0} = \mathfrak{v}_0. \tag{9), (10}$$

Dabei mögen ϱ_0 und σ_0 in Ω beschränkte Funktionen mit positiver unterer Grenze sein.

Unser Ziel besteht darin, für das Anfangswertproblem (1)—(10) einen Existenz- und Einzigkeitssatz zu beweisen. Wir wollen damit zeigen, daß das Zweiflüssigkeitsmodell eine denkbare theoretische Grundlage zur Beschreibung von Zweiphasenströmungen ist. Wir stützen uns auf Ergebnisse von V. A. SOLONNIKOW [3] für die NAVIER-STOKESschen Gleichungen.

Einzigkeitssatz

Es sei $Q_T = \Omega \times [0, T]$, mit $\|\cdot\|_{4,Q_T}$ werde die Norm im Raum $L_4(Q_T)$ bezeichnet, $x = (x_1, x_2, x_3)$ seien kartesische Koordinaten in Ω. Unter $W_4^{2,1}(Q_T)$ bzw. $W_{4,\infty}^{1,1}(Q_T)$ verstehen wir SOBOLEWsche Funktionenräume mit der Norm

$$\|\mathfrak{u}\|_{4,Q_T}^{(2,1)} = \|\mathfrak{u}_{xx}\|_{4,Q_T} + \|\mathfrak{u}_t\|_{4,Q_T} + \|\mathfrak{u}_x\|_{4,Q_T} + \|\mathfrak{u}\|_{4,Q_T},$$

bzw.

$$\|\varrho\|_{4,\infty,Q_T}^{(1,1)} = \sup_{t \leq T} \|\operatorname{grad} \varrho\|_{4,\Omega} + \sup_{t \leq T} \|\varrho_t\|_{4,\Omega} + |\varrho|_{Q_T},$$

dabei ist

$$|\varrho|_{Q_T} = \sup_{Q_T} |\varrho(x, t)|, \qquad \mathfrak{u}_x = \left(\sum_{k=1}^{3} \mathfrak{u}_{x_k}^2\right)^{1/2}$$

und

$$\mathfrak{u}_{xx} = \left(\sum_{i,k=1}^{3} \mathfrak{u}_{x_i x_k}^2\right)^{1/2},$$

weitere abkürzende Bezeichnungen mögen aus dem Zusammenhang verstanden werden.

Es gilt der Satz: *Das Anfangs-Randwertproblem* (1)—(10) *kann höchstens eine Lösung haben, bei der die Geschwindigkeitsfelder* $\mathfrak{u}$, $\mathfrak{v}$ *zu* $W_4^{2,1}(Q_T)$ *und die positiven Dichtefelder* ϱ, σ *zu* $W_{4,\infty}^{1,1}(Q_T)$ *gehören.*

Zum Beweis nehmen wir an, ϱ', $\mathfrak{u}'$, p'; σ', $\mathfrak{v}'$, q' und ϱ'', $\mathfrak{u}''$, p''; σ'', $\mathfrak{v}''$, q'' seien zwei verschiedene Lösungen von (1)—(10) mit den vorausgesetzten Eigenschaften. Für ihre Differenz

$$\varrho = \varrho' - \varrho'', \qquad \mathfrak{u} = \mathfrak{u}' - \mathfrak{u}'', \qquad p = p' - p'',$$
$$\sigma = \sigma' - \sigma'', \qquad \mathfrak{v} = \mathfrak{v}' - \mathfrak{v}'', \qquad q = q' - q''$$

ergibt sich dann aus (3) und (4)

$$\varrho'\left(\frac{\partial \mathfrak{u}}{\partial t} + (\mathfrak{u}' \operatorname{grad})\,\mathfrak{u} + (\mathfrak{u} \operatorname{grad})\,\mathfrak{u}''\right) + \varrho\left(\frac{\partial \mathfrak{u}''}{\partial t} + (\mathfrak{u}'' \operatorname{grad})\,\mathfrak{u}''\right)$$
$$- \mu\, \Delta \mathfrak{u} - \frac{1}{3}\mu \operatorname{grad} \operatorname{div} \mathfrak{u} + \operatorname{grad} p - \varrho \mathfrak{g} - \frac{1}{\tau}\big(\sigma(\mathfrak{v}' - \mathfrak{u}') + \sigma''(\mathfrak{v} - \mathfrak{u})\big) = 0, \tag{11}$$

$$\sigma'\left(\frac{\partial \mathfrak{v}}{\partial t} + (\mathfrak{v}' \operatorname{grad})\,\mathfrak{v} + (\mathfrak{v} \operatorname{grad})\,\mathfrak{v}''\right) + \sigma\left(\frac{\partial \mathfrak{v}''}{\partial t} + (\mathfrak{v}'' \operatorname{grad})\,\mathfrak{v}''\right)$$
$$- \mu_S\, \Delta \mathfrak{v} - \frac{1}{3}\mu_S \operatorname{grad} \operatorname{div} \mathfrak{v} + \operatorname{grad} q - \sigma \mathfrak{g} - \frac{1}{\tau}\big(\sigma(\mathfrak{u}' - \mathfrak{v}') + \sigma''(\mathfrak{u} - \mathfrak{v})\big) = 0, \tag{12}$$

und $\mathfrak{u}$, $\mathfrak{v}$, ϱ und σ erfüllen homogene Anfangsbedingungen.

Wir multiplizieren (11) skalar mit $\mathfrak{u}$ und (12) mit $\mathfrak{v}$, integrieren über Ω und addieren beide Gleichungen. Wenn wir dabei die bekannten Identitäten bzw. Abschätzungen (vgl. [3], Seite 135)

$$\int_\Omega \varrho'\left(\frac{\partial \mathfrak{u}}{\partial t} + (\mathfrak{u}' \operatorname{grad})\,\mathfrak{u}\right)\mathfrak{u}\, dx = \frac{1}{2}\frac{d}{dt}\int_\Omega \varrho'\, \mathfrak{u}^2\, dx,$$

$$-\int_\Omega \left(\mu\, \Delta \mathfrak{u} + \frac{1}{3}\mu \operatorname{grad} \operatorname{div} \mathfrak{u}\right)\mathfrak{u}\, dx = \mu \int_\Omega \mathfrak{u}_x^2\, dx + \frac{1}{3}\mu \int_\Omega (\operatorname{div} \mathfrak{u})^2\, dx,$$

$$\int_\Omega \operatorname{grad} p \cdot \mathfrak{u}\, dx = \int_\Omega \operatorname{grad}(p' - p'') \cdot \mathfrak{u}\, dx = -\int_\Omega \big(p(\varrho') - p(\varrho'')\big) \operatorname{div} \mathfrak{u}\, dx;$$

$$\left|\int_\Omega \big(p(\varrho') - p(\varrho'')\big) \operatorname{div} \mathfrak{u}\, dx\right| \leq C_1 \int_\Omega |\varrho|\, |\operatorname{div} \mathfrak{u}|\, dx$$
$$\leq \varepsilon \int_\Omega (\operatorname{div} \mathfrak{u})^2\, dx + \frac{C_1^2}{4\varepsilon}\int_\Omega \varrho^2\, dx,$$

$$\left|\int_\Omega \varrho\, \mathfrak{u}\, \mathfrak{U}\, dx\right| \leq \|\mathfrak{u}\|_4 \|\varrho\|_2 \|\mathfrak{U}\|_4 \leq C_2 \|\mathfrak{U}\|_4 \|\varrho\|_2 \|\mathfrak{u}_x\|_2^{3/4} \|\mathfrak{u}\|_2^{1/4}$$
$$\leq \varepsilon \|\mathfrak{u}_x\|_2^2 + C_3 \cdot \frac{1}{\varepsilon^{3/5}} \|\mathfrak{U}\|_4^{8/5} \|\varrho\|_2^{8/5} \|\mathfrak{u}\|_2^{2/5}$$
$$\leq \varepsilon \|\mathfrak{u}_x\|_2^2 + C_3 \cdot \frac{1}{\varepsilon^{3/5}} \|\mathfrak{U}\|_4^{8/5} \left(\|\varrho\|_2^2 + \|\mathfrak{u}\|_2^2\right)$$

benutzen, wobei hier und im folgenden ε eine beliebige und die C_i geeignet gewählte positive Konstante sind, so erhalten wir mit

$$\mathfrak{U} = \frac{\partial \mathfrak{u}''}{\partial t} + (\mathfrak{u}'' \operatorname{grad}) \mathfrak{u}'', \qquad \mathfrak{B} = \frac{\partial \mathfrak{v}''}{\partial t} + (\mathfrak{v}'' \operatorname{grad}) \mathfrak{v}''$$

die Abschätzung

$$\frac{1}{2}\frac{\mathrm{d}}{\mathrm{d}t}\int_\Omega (\varrho'\mathfrak{u}^2 + \sigma'\mathfrak{v}^2)\,\mathrm{d}x + (\mu - 2\varepsilon)\,||\mathfrak{u}_x||_{2,\Omega}^2 + (\mu_S - 2\varepsilon)\,||\mathfrak{v}_x||_{2,\Omega}^2$$
$$+ \left(\frac{1}{3}\mu - \varepsilon\right)||\operatorname{div}\mathfrak{u}||_{2,\Omega}^2 + \left(\frac{1}{3}\mu_S - \varepsilon\right)||\operatorname{div}\mathfrak{v}||_{2,\Omega}^2 + \frac{1}{\tau}\int_\Omega \sigma''(\mathfrak{u} - \mathfrak{v})^2\,\mathrm{d}x$$
$$\leqq \frac{C_1^2}{4\varepsilon}||\varrho||_2^2 + C_4\,|\mathfrak{u}_x''|\,||\mathfrak{u}||_2^2 + \left(\frac{C_3}{\varepsilon^{3/5}}||\mathfrak{U}||_4^{8/5} + |\mathfrak{g}|\right)(||\varrho||_2^2 + ||\mathfrak{u}||_2^2)$$
$$+ \frac{C_1^2}{4\varepsilon}||\sigma||_2^2 + C_4\,|\mathfrak{v}_x''|\,||\mathfrak{v}||_2^2 + \left(\frac{C_3}{\varepsilon^{3/5}}||\mathfrak{B}||_4^{8/5} + |\mathfrak{g}|\right)(||\sigma^2||_2 + ||\mathfrak{v}^2||_2)$$
$$+ 2C_3\cdot\frac{1}{\tau}\left(\frac{\varepsilon}{2}\right)^{-3/5}||\mathfrak{v}' - \mathfrak{u}'||_4^{8/5}\,(||\sigma||_2^2 + ||\mathfrak{u}||_2^2 + ||\mathfrak{v}||_2^2)\,. \tag{13}$$

Aus (1) und (2) ergibt sich

$$\frac{\partial\varrho}{\partial t} + \operatorname{div}(\varrho\mathfrak{u}' + \varrho''\mathfrak{u}) = 0\,, \tag{14}$$

$$\frac{\partial\sigma}{\partial t} + \operatorname{div}(\sigma\mathfrak{v}' + \sigma''\mathfrak{v}) = 0\,. \tag{15}$$

Wir multiplizieren (14) mit ϱ und (15) mit σ, integrieren über Ω und addieren beide Gleichungen, wobei wir die Abschätzungen

$$\left|\int_\Omega \varrho\operatorname{div}(\varrho\mathfrak{u}')\,\mathrm{d}x\right| = \frac{1}{2}\left|\int_\Omega \varrho^2\operatorname{div}\mathfrak{u}'\,\mathrm{d}x\right| \leqq \frac{1}{3}\sqrt{3}\,|\mathfrak{u}_x'|\,||\varrho||_2^2\,,$$

$$\left|\int_\Omega \varrho\operatorname{div}(\varrho''\mathfrak{u})\,\mathrm{d}x\right| \leqq \left|\int_\Omega \varrho\mathfrak{u}\operatorname{grad}\varrho''\,\mathrm{d}x\right| + \left|\int_\Omega \varrho''\varrho\operatorname{div}\mathfrak{u}\,\mathrm{d}x\right|$$
$$\leqq \varepsilon\,||\mathfrak{u}_x||_2^2 + \frac{C_3}{\varepsilon^{3/5}}||\operatorname{grad}\varrho''||_4^{8/5}(||\varrho||_2^2 + ||\mathfrak{u}||_2^2) + \varepsilon\,||\operatorname{div}\mathfrak{u}||_2^2 + \frac{1}{\varepsilon}|\varrho''|_\Omega^2\,||\varrho||_2^2$$

benutzen; dann haben wir

$$\frac{1}{2}\frac{\mathrm{d}}{\mathrm{d}t}\int_\Omega(\varrho^2 + \sigma^2)\,\mathrm{d}x \leqq \varepsilon\,(||\mathfrak{u}_x||_2^2 + ||\mathfrak{v}_x||_2^2 + ||\operatorname{div}\mathfrak{u}||_2^2 + ||\operatorname{div}\mathfrak{v}||_2^2) + \frac{1}{\varepsilon}(|\varrho''|_\Omega^2\,||\varrho||_2^2 + |\sigma''|_\Omega^2\,||\sigma||_2^2)$$
$$+ \frac{C_3}{\varepsilon^{3/5}}[||\operatorname{grad}\varrho''||_4^{8/5}(||\varrho||_2^2 + ||\mathfrak{u}||_2^2) + ||\operatorname{grad}\sigma''||_4^{8/5}(||\sigma||_2^2 + ||\mathfrak{v}||_2^2)]\,. \tag{16}$$

Wir addieren (13) und (16), wählen $\varepsilon < 1/6 \min(\mu, \mu_S)$ und erhalten eine Abschätzung der Form

$$\frac{1}{2}\frac{\mathrm{d}}{\mathrm{d}t}\int_\Omega(\varrho^2 + \sigma^2 + \varrho'\mathfrak{u}^2 + \sigma'\mathfrak{v}^2)\,\mathrm{d}x + \frac{\mu}{2}||\mathfrak{u}_x||_{2,\Omega}^2 + \frac{\mu_S}{2}||\mathfrak{v}_x||_{2,\Omega}^2$$
$$+ \left(\frac{1}{3}\mu - 2\varepsilon\right)||\operatorname{div}\mathfrak{u}||_{2,\Omega}^2 + \left(\frac{1}{3}\mu_S - 2\varepsilon\right)||\operatorname{div}\mathfrak{v}||_{2,\Omega}^2 + \int_\Omega\sigma''(\mathfrak{u} - \mathfrak{v})^2\,\mathrm{d}x$$
$$\leqq C_5\Big[C_3\varepsilon^{-3/5}(||\mathfrak{U}||_4^{8/5} + ||\mathfrak{B}||_4^{8/5} + ||\operatorname{grad}\varrho''||_4^{8/5} + ||\operatorname{grad}\sigma''||_4^{8/5})$$
$$+ 2|\mathfrak{g}|_\Omega + C_4(|\mathfrak{u}_x''|_\Omega + |\mathfrak{v}_x''|_\Omega) + \frac{C_1^2}{4\varepsilon} + 2C_3\left(\frac{\varepsilon}{2}\right)^{-3/5}||\mathfrak{v}' - \mathfrak{u}'||_4^{8/5}\Big]$$
$$\times\int_\Omega(\varrho^2 + \sigma^2 + \varrho'\mathfrak{u}^2 + \sigma'\mathfrak{v}^2)\,\mathrm{d}x\,.$$

Der Koeffizient des rechts stehenden Integrals ist unter unseren Voraussetzungen über die Lösung eine über das Intervall $[0, T]$ integrierbare Funktion $f(t)$; wenn wir für das Integral kurz $I(t)$ schreiben, haben wir

$$\frac{1}{2}\frac{\mathrm{d}}{\mathrm{d}t} I(t) \leqq f(t)\, I(t)$$

oder

$$\frac{\mathrm{d}}{\mathrm{d}t}\left(I(t)\, \mathrm{e}^{-2\int\limits_0^t f(t')\mathrm{d}t'}\right) \leqq 0 \qquad \text{für} \quad t \in [0, T),$$

also

$$0 \leqq I(t) \leqq I(0)\, \mathrm{e}^{2\int\limits_0^t f(t')\mathrm{d}t'}$$

Wegen $I(0) = 0$ ist $I(t) \equiv 0$, woraus die Einzigkeit sofort folgt.

Existenzsatz

Zur Behandlung der Existenzfrage führen wir noch den Funktionenraum $W_4^{3/2}(\Omega)$ ein, in welchem die Norm durch

$$||\mathfrak{u}||_{4,\Omega}^{(3/2)} = ||\mathfrak{u}||_{4,\Omega} + ||\mathfrak{u}_x||_{4,\Omega} + \left(\int\limits_\Omega\int\limits_\Omega \frac{|\mathfrak{u}_x(x) - \mathfrak{u}_y(y)|^4}{|x-y|^5}\,\mathrm{d}x\,\mathrm{d}y\right)^{1/4}$$

definiert ist. Wir beweisen dann den

Satz: *Zu jedem*

$$R = ||\mathfrak{g}||_{4,Q_t}^4 + \left(||\mathfrak{u}_0||_{4,\Omega}^{(3/2)}\right)^4 + \left(||\mathfrak{v}_0||_{4,\Omega}^{(3/2)}\right) + ||\mathrm{grad}\, \varrho_0||_{4,\Omega}^4 + ||\mathrm{grad}\, \sigma_0||_{4,\Omega}^4$$

gibt es ein $t_1 > 0$ *derart, daß die Anfangs-Randwertaufgabe* (1)—(10) *für* $0 < t < t_1$ *eine Lösung besitzt, bei der die Geschwindigkeiten* $\mathfrak{u}, \mathfrak{v} \in W_4^{2,1}(Q_{t_1})$ *und die positiven Dichten* $\varrho, \sigma \in W_{4,\infty}^{1,1}(Q_{t_1})$ *sind.*

Daß $||g||_{4,Q_t}^4$ von t abhängt, braucht hier nicht zu stören. Ist g die konstante Erdbeschleunigung, so kann man sich von der t-Abhängigkeit ganz befreien; dies trifft auch für den Fall zu, daß die äußere Kraft über das unendliche Zeitintervall (zur 4. Potenz) integrierbar ist. Andernfalls kann man t durch (ein festes) T ersetzen und kommt dann über dieses nicht hinaus.

Beweis: Zur Konstruktion von Näherungslösungen betrachten wir das folgende lineare Anfangs-Randwertproblem

$$\frac{\partial\varrho^{(n)}}{\partial t} + \mathrm{div}\,(\varrho^{(n)}\mathfrak{u}^{(n-1)}) = 0\,, \qquad \varrho^{(n)}|_{t=0} = \varrho_0\,; \tag{17}$$

$$\frac{\partial\sigma^{(n)}}{\partial t} + \mathrm{div}\,(\sigma^{(n)}\mathfrak{v}^{(n-1)}) = 0\,, \qquad \sigma^{(n)}|_{t=0} = \sigma_0\,; \tag{18}$$

$$\begin{aligned}\varrho^{(n)}\frac{\partial\mathfrak{u}^{(n)}}{\partial t} - \mu\,\Delta\mathfrak{u}^{(n)} - \frac{1}{3}\mu\,\mathrm{grad}\,\mathrm{div}\,\mathfrak{u}^{(n)} &= -\,\mathrm{grad}\,p(\varrho^{(n)})\\ -\,\varrho^{(n)}\left((\mathfrak{u}^{(n-1)}\,\mathrm{grad})\,\mathfrak{u}^{(n)} - \mathfrak{g}\right) + \frac{1}{\tau}\sigma^{(n)}(\mathfrak{v}^{(n)} - \mathfrak{u}^{(n)}) &\equiv \mathfrak{f}(x,t)\,,\end{aligned} \tag{19}$$

$$\begin{aligned}\sigma^{(n)}\frac{\partial\mathfrak{v}^{(n)}}{\partial t} - \mu_S\,\Delta\mathfrak{v}^{(n)} - \frac{1}{3}\mu_S\,\mathrm{grad}\,\mathrm{div}\,\mathfrak{v}^{(n)} &= -\,\mathrm{grad}\,q(\sigma^{(n)})\\ -\,\sigma^{(n)}\left((\mathfrak{v}^{(n-1)}\,\mathrm{grad})\,\mathfrak{v}^{(n)} - \mathfrak{g}\right) + \frac{1}{\tau}\sigma^{(n)}(\mathfrak{u}^{(n)} - \mathfrak{v}^{(n)}) &\equiv \mathfrak{h}(x,t)\,,\end{aligned} \tag{20}$$

$$\mathfrak{u}^{(n)}|_{t=0} = \mathfrak{u}_0\,, \qquad \mathfrak{v}^{(n)}|_{t=0} = \mathfrak{v}_0\,,$$

$$\mathfrak{u}^{(n)}|_S = 0\,, \qquad \mathfrak{v}^{(n)}|_S = 0\,.$$

Wenn $\mathfrak{u}^{(0)} = \mathfrak{v}^{(0)} = 0$ in $Q_T = \Omega \times [0, T]$ gesetzt wird, ist dieses Problem für beliebiges $n = 1, 2, 3, \ldots$ und $T > 0$ in $W_{4,\infty}^{1,1}(Q_T)$ bzw. $W_4^{2,1}(Q_T)$ eindeutig lösbar (vgl. [4], Seite 118). Unser Ziel besteht nun zunächst darin, zu beweisen, daß diese Näherungen unabhängig von n beschränkt sind. Mit

$$V_n(t) = \left(||\mathfrak{u}^{(n)}||_{4,Q_t}^{(2,1)}\right)^4 + \left(||\mathfrak{v}^{(n)}||_{4,Q_t}^{(2,1)}\right)^4 + \sup_{\tau\leqq t}\left(||\mathfrak{u}^{(n)}(x,\tau)||_{4,\Omega}^{(3/2)}\right)^4 + \sup_{\tau\leqq t}\left(||\mathfrak{v}^{(n)}(x,\tau)||_{4,\Omega}^{(3/2)}\right)^4,$$

$$D_n(t) = C_5\,\frac{M_n^5(t)}{m_n^5(t)}\left(1 + \frac{1}{m_n(t)}\sup_{\tau\leqq t}\,[\varrho^{(n)}]_\Omega^{(\alpha)}\right)^{8/\alpha},$$

$$E_n(t) = C_5\,\frac{N_n^5(t)}{n_n^5(t)}\left(1 + \frac{1}{n_n(t)}\sup_{\tau\leqq t}\,[\sigma^{(n)}]_\Omega^{(\alpha)}\right)^{8/\alpha},$$

$$M_n(t) = \max\big(1, \max_{Q_t} \varrho_n\big)\,, \qquad m_n(t) = \min\big(1, \min_{Q_t} \varrho_n\big)\,,$$

$$N_n(t) = \max\big(1, \max_{Q_t} \sigma_n\big)\,, \qquad n_n(t) = \min\big(1, \min_{Q_t} \sigma_n\big)\,,$$

$$[\varrho(x, t)]_\Omega^{(\alpha)} = \sup_{x, y \in \Omega} \frac{|\varrho(x, t) - \varrho(y, t)|}{|x - y|^\alpha}\,, \qquad 0 < \alpha \leqq \frac{1}{4}$$

gilt für beliebiges $t \leqq T$

$$V_n(t) \leqq D_n(t) \left(\|\mathfrak{f}\|_{4,Q_t}^4 + (\|\mathfrak{u}_0\|_{4,\Omega}^{(3/2)})^4 + \|\mathfrak{u}^{(n)}\|_{4,Q_t}^4\right) + E_n(t) \left(\|\mathfrak{h}\|_{4,Q_t}^4 + (\|\mathfrak{v}_0\|_{4,\Omega}^{(3/2)})^4 + \|\mathfrak{v}^{(n)}\|_{4,Q_t}^4\right)\,, \tag{21}$$

(vgl. [3], S. 139). Wie man sich überzeugt, gelten für $\mathfrak{f}$ und $\mathfrak{h}$ die Abschätzungen

$$\|\mathfrak{f}\|_{4,Q_t}^4 \leqq C_6 M_n^4(t) \left(\|\mathfrak{g}\|_{4,Q_t}^4 + \int_0^t |\mathfrak{u}^{(n-1)}|_\Omega^4 \|\mathfrak{u}_x^{(n)}\|_{4,\Omega}^4 \, dt'\right)$$

$$+ P_n^4(t) \int_0^t \|\operatorname{grad} \varrho^{(n)}\|_{4,\Omega}^4 \, dt' + \frac{1}{\tau^4} N_n^4(t) \int_0^t (\|\mathfrak{v}^{(n)}\|_{4,\Omega}^4 + \|\mathfrak{u}^{(n)}\|_{4,\Omega}^4) \, dt'$$

$$\leqq C_6 M_n^4(t) \left(\|\mathfrak{g}\|_{4,Q_t}^4 + P_n^4(t) \int_0^t \|\operatorname{grad} \varrho^{(n)}\|_{4,\Omega}^4 \, dt'\right) + \left(C_6 M_n^4(t) + \frac{1}{\tau^4} N_n^4(t)\right) \times$$

$$\times \int_0^t (|\mathfrak{u}^{(n-1)}|_\Omega^4 + 1) (\|\mathfrak{u}_x^{(n)}\|_{4,\Omega}^4 + \|\mathfrak{u}^{(n)}\|_{4,\Omega}^4 + \|\mathfrak{v}^{(n)}\|_{4,\Omega}^4) \, dt'$$

mit $P_n(t) = \max\limits_{m_n(t) \leqq \varrho \leqq M_n(t)} \dfrac{dp}{d\varrho}$ und

$$\|\mathfrak{h}\|_{4,Q_t}^4 \leqq C_6 N_n^4(t) \left(\|\mathfrak{g}\|_{4,Q_t}^4 + Q_n^4(t) \int_0^t \|\operatorname{grad} \sigma^{(n)}\|_{4,\Omega}^4 \, dt'\right) + \left(C_6 + \frac{1}{\tau^4}\right) N_n^4(t) \times$$

$$\times \int_0^t (|\mathfrak{v}^{(n-1)}|_\Omega^4 + 1) (\|\mathfrak{v}_x^{(n)}\|_{4,\Omega}^4 + \|\mathfrak{v}^{(n)}\|_{4,\Omega}^4 + \|\mathfrak{u}^{(n)}\|_{4,\Omega}^4) \, dt'$$

mit $Q_n(t) = \max\limits_{n_n(t) \leqq \sigma \leqq N_n(t)} \dfrac{dq}{d\sigma}$.

Für das weitere ist uns die Abschätzung

$$\|\operatorname{grad} \varrho^{(n)}\|_{4,\Omega} \leqq \sqrt{3}\, e^{5/4 \sqrt{3} \int_0^t |\mathfrak{u}_x^{(n-1)}|_\Omega dt'} \left(\|\operatorname{grad} \varrho_0\|_{4,\Omega} + |\varrho_0| \sqrt{3} \int_0^t \|\mathfrak{u}_{xx}^{(n-1)}\|_{4,\Omega} \, dt'\right) \tag{22}$$

und eine entsprechende Abschätzung für $\|\operatorname{grad} \sigma^{(n)}\|_{4,\Omega}$ nützlich. Diese ergeben sich aus der Lösungsdarstellung

$$\varrho^{(n)}(x, t) = \varrho_0\big(y(0, t, x)\big)\, e^{\int_0^t \operatorname{div}_y \mathfrak{u}^{(n-1)}(y(\tau, t, x), \tau) d\tau} \tag{22a}$$

für das Anfangswertproblem (17) (entsprechend für (18)), wobei $y(\tau, t, x)$ die Charakteristiken sind (vgl. [3], Seite 134). Außerdem benötigen wir die Abschätzung

$$\|\mathfrak{u}_x\|_{4,\Omega}^4 + \|\mathfrak{u}\|_{4,\Omega}^4 \leqq C_3 \sup_{0 \leqq \tau \leqq t} (\|\mathfrak{u}(x, \tau)\|_{4,\Omega}^{(3/2)})^4\,.$$

Damit ergibt sich aus (21), wenn man noch die Bezeichnungen

$$A_n(t) = D_n(t) \left[M_n^4(t) \|\mathfrak{g}\|_{4,Q_t}^4 + C_2 P_n^4(t) \cdot t \|\operatorname{grad} \varrho_0\|_{4,\Omega}^4 \, e^{9\sqrt{3} \int_0^t |\mathfrak{u}_x^{(n-1)}|_\Omega dt'} + (\|\mathfrak{u}_0\|_{4,\Omega}^{(3/2)})^4\right],$$

$$\bar{A}_n(t) = E_n(t) \left[N_n^4(t) \|\mathfrak{g}\|_{4,Q_t}^4 + C_2 Q_n^4(t) \cdot t \|\operatorname{grad} \sigma_0\|_{4,\Omega}^4 \, e^{9\sqrt{3} \int_0^t |\mathfrak{v}_x^{(n-1)}|_\Omega dt'} + (\|\mathfrak{v}_0\|_{4,\Omega}^{(3/2)})^4\right],$$

$$B_n'(t) = D_n(t)\, C_2 P_n^4(t)\, t^3\, e^{9\sqrt{3} \int_0^t |\mathfrak{u}_x^{(n-1)}|_\Omega dt'}\,,$$

$$\bar{B}_n'(t) = E_n(t)\, C_2 Q_n^4(t)\, t^3\, e^{9\sqrt{3} \int_0^t |\mathfrak{v}_x^{(n-1)}|_\Omega dt'}\,,$$

$$B_n''(t) = D_n(t)\, C_3\big(M_n^4(t) + 1\big)\,, \qquad \bar{B}_n''(t) = E_n(t)\, C_3\big(N_n^4(t) + 1\big)$$

verwendet,

$$V_n(t) \leqq A_n(t) + \bar{A}_n(t) + B''_n(t) \int_0^t (|\mathfrak{u}^{(n-1)}|^4_\Omega + 1)\, V_n(t')\, dt'$$
$$+ \bar{B}''_n(t) \int_0^t (|\mathfrak{v}^{(n-1)}|^4_\Omega + 1)\, V_n(t')\, dt' + (B'_n(t) + \bar{B}'_n(t)) \int_0^t V_{n-1}(t')\, dt'.$$

Diese Ungleichung hat zur Folge, daß

$$V_n(t) \leqq \left[A_n(t) + \bar{A}_n(t) + (B'_n(t) + \bar{B}'_n(t)) \int_0^t V_{n-1}(t')\, dt'\right] \times$$
$$\times\, e^{(B''_n(t) + \bar{B}''_n(t))\left(2t + \int_0^t (|\mathfrak{u}^{(n-1)}|^4_\Omega + |\mathfrak{v}^{(n-1)}|^4_\Omega)\right) dt'} \tag{23}$$

wird (vgl. [5], Seite 55). Auf Grund der Einbettungssätze läßt sich das Integral im Exponenten durch $V_{n-1}(t)$ nach oben abschätzen, das gleiche gilt für die in $A_n(t)$, $\bar{A}_n(t)$, $B'_n(t)$ und $\bar{B}'_n(t)$ auftretenden Integrale, außerdem ist

$$\int_0^t V_{n-1}(t')\, dt' \leqq t V_{n-1}(t).$$

Führt man noch die Größe

$$R = ||\mathfrak{g}||^4_{4,Q_t} + ||\text{grad}\, \varrho_0||^4_{4,\Omega} + ||\text{grad}\, \sigma_0||^4_{4,\Omega} + (||\mathfrak{u}_0||^{(3/2)}_{4,\Omega})^4 + (||\mathfrak{v}_0||^{(3/2)}_{4,\Omega})^4$$

ein, die nur von gegebenen Funktionen abhängt und berücksichtigt die Abschätzung

$$A_n(t) + \bar{A}_n(t) \leqq R(D_n(t) + E_n(t))\, [M^4_n(t) + N^4_n(t) + C_2 t(P^4_n(t) + Q^4_n(t))\, e^{C_4 V_{n-1}(t)} + 1],$$

so ergibt sich aus (23)

$$V_n(t) \leqq G(R, t, V_{n-1}(t)),$$

wobei G in bezug auf jede ihrer drei Variablen eine monoton wachsende Funktion ist; $G(R, 0, \eta)$ ist offenbar eine von η unabhängige Größe. Bei festgehaltenem R wählen wir $\eta > G(R, 0, \eta)$ und danach $t_0 > 0$ so, daß auch $\eta > G(R, t_0, \eta)$ ist. Dann setzen wir

$$\eta_0 = \inf_{\eta > G(R, t_0, \eta)} \eta.$$

Durch vollständige Induktion ergibt sich

$$V_n(t) \leqq \eta_0 \qquad (n = 0, 1, 2, \dots;\ 0 \leqq t \leqq t_0). \tag{24}$$

Für $n = 0$ ist nämlich $0 \equiv V_0(t) \leqq \eta_0$, und wenn $V_{n-1}(t) \leqq \eta_0$ ist, so gilt $V_n(t) \leqq G(R, t_0, V_{n-1}(t)) \leqq \eta_0$. (24) ist die gewünschte a priori Abschätzung der Geschwindigkeitsfelder. Dann liefert (22) für die Ortsableitungen der Dichten eine von n unabhängige Schranke, weil sich die Integrale der rechten Seite von (22) auf Grund der Einbettungssätze durch $V_{n-1}(t)$ abschätzen lassen. Aus der Beziehung

$$\frac{\partial \varrho^{(n)}}{\partial t} = (\mathfrak{u}^{(n-1)}\, \text{grad}\, \varrho_0 + \varrho_0\, \text{div}\, \mathfrak{u}^{(n-1)})\, e^{\int_0^t \text{div}_y\, \mathfrak{u}^{(n-1)}(y,\tau)\, d\tau},$$

die aus (22a) folgt, ergibt sich eine Abschätzung für die Zeitableitung und damit für die Norm der Dichten in $W^{1,1}_{4,\infty}(Q_t)$.

Um nachzuweisen, daß die Folgen $\{\varrho^{(n)}\}$, $\{\sigma^{(n)}\}$, $\{\mathfrak{u}^{(n)}\}$ und $\{\mathfrak{v}^{(n)}\}$ in $L_2(\Omega)$ konvergieren, reicht es aus zu zeigen, daß

$$r^{(n)} = \varrho^{(n)} - \varrho^{(n-1)}, \quad s^{(n)} = \sigma^{(n)} - \sigma^{(n-1)}, \quad \mathfrak{U}^{(n)} = \mathfrak{u}^{(n)} - \mathfrak{u}^{(n-1)} \text{ und } \mathfrak{V}_n = \mathfrak{v}^{(n)} - \mathfrak{v}^{(n-1)}$$

in $L_2(\Omega)$ Nullfolgen bilden. Schreibt man (17) bis (20) für die n-te und die $(n-1)$-te Näherung und bildet die Differenz entsprechender Gleichungen, so erhält man

$$\frac{\partial r^{(n)}}{\partial t} + \text{div}\,(r^{(n)}\mathfrak{u}^{(n-1)} + \varrho^{(n-1)}\, \mathfrak{U}^{(n-1)}) = 0, \qquad r^{(n)}|_{t=0} = 0,$$

$$\frac{\partial s^{(n)}}{\partial t} + \text{div}\,(s^{(n)}\mathfrak{v}^{(n-1)} + \sigma^{(n-1)}\, \mathfrak{V}^{(n-1)}) = 0, \qquad s^{(n)}|_{t=0} = 0,$$

$$\varrho^{(n)}\left(\frac{\partial \mathfrak{U}^{(n)}}{\partial t} + (\mathfrak{u}^{(n-1)}\, \text{grad})\, \mathfrak{U}^{(n)} + (\mathfrak{U}^{(n-1)}\, \text{grad})\, \mathfrak{u}^{(n-1)}\right)$$
$$+ r^{(n)}\left(\frac{\partial \mathfrak{u}^{(n-1)}}{\partial t} + (\mathfrak{u}^{(n-2)}\, \text{grad})\, \mathfrak{u}^{(n-1)}\right) - \mu\, \Delta \mathfrak{U}^{(n)}$$
$$- \frac{1}{3}\mu\, \text{grad div}\, \mathfrak{U}^{(n)} + \text{grad}\,(p(\varrho^{(n)}) - p(\varrho^{(n-1)})) - r^{(n)}\mathfrak{g}$$
$$- \frac{1}{\tau} s^{n}(\mathfrak{v}^{(n)} - \mathfrak{u}^{(n)}) - \frac{1}{\tau}\sigma^{(n-1)}(\mathfrak{V}^{(n)} - \mathfrak{U}^{(n)}) = 0,$$

$$\sigma^{(n)}\left(\frac{\partial\mathfrak{V}^{(n)}}{\partial t}+(\mathfrak{v}^{(n-1)}\operatorname{grad})\,\mathfrak{V}^{(n)}+(\mathfrak{V}^{(n-1)}\operatorname{grad})\,\mathfrak{v}^{(n-1)}\right),$$

$$+\,s^{(n)}\left(\frac{\partial\mathfrak{v}^{(n-1)}}{\partial t}+(\mathfrak{v}^{(n-2)}\operatorname{grad})\,\mathfrak{v}^{(n-1)}\right)-\mu_S\,\Delta\mathfrak{V}^{(n)}$$

$$-\frac{1}{3}\mu_S\operatorname{grad}\operatorname{div}\mathfrak{V}^{(n)}+\operatorname{grad}\left(q(\sigma^{(n)})-q(\sigma^{(n-1)})\right)-s^{(n)}\mathfrak{g}$$

$$-\frac{1}{\tau}s^{(n)}\,(\mathfrak{u}^{(n)}-\mathfrak{v}^{(n)})-\frac{1}{\tau}\sigma^{(n-1)}\,(\mathfrak{U}^{(n)}-\mathfrak{V}^{(n)})=0\,;$$

$$\mathfrak{U}^{(n)}|_{t=0}=0\,,\qquad \mathfrak{V}^{(n)}|_{t=0}=0\,;$$

$$\mathfrak{U}^{(n)}|_{S}=0\,,\qquad \mathfrak{V}^{(n)}|_{S}=0\,.$$

Wie beim Beweis des Einzigkeitssatzes erhalten wir

$$\frac{1}{2}\frac{\mathrm{d}}{\mathrm{d}t}\int\limits_\Omega(r^{(n)2}+s^{(n)2}+\varrho^{(n)}\mathfrak{U}^{(n)2}+\sigma^{(n)}\mathfrak{V}^{(n)2})\,\mathrm{d}x$$

$$+\,(\mu-2\varepsilon)\,||\,\mathfrak{U}_x^{(n)}||_2^2+(\mu_S-2\varepsilon)\,||\mathfrak{V}_x^{(n)}||^2$$

$$+\left(\frac{1}{3}\mu-\varepsilon\right)||\operatorname{div}\mathfrak{U}^{(n)}||_2^2+\left(\frac{1}{3}\mu_S-\varepsilon\right)||\operatorname{div}\mathfrak{V}^{(n)}||^2+\frac{1}{\tau}\int\limits_\Omega\sigma^{(n-1)}(\mathfrak{V}^{(n)}-\mathfrak{U}^{(n)})^2\,\mathrm{d}x$$

$$\leqq\frac{C_1^2}{4\varepsilon}||r^{(n)}||_2^2+C_4\,|\mathfrak{u}_x^{(n-1)}|_\Omega\,||\,\mathfrak{U}^{(n-1)}||_2^2+\left(\frac{C_3}{\varepsilon^{3/5}}||\,\mathfrak{U}||_4^{8/5}+|\,\mathfrak{g}|\right)(||r^{(n)}||_2^2+||\,\mathfrak{U}^{(n)}||_2^2)$$

$$+\frac{C_1^2}{4\varepsilon}||s^{(n)}||_2^2+C_4\,|\mathfrak{v}_x^{(n-1)}|_\Omega\,||\mathfrak{V}^{(n-1)}||_2^2+\left(\frac{C_3}{\varepsilon^{3/5}}||\mathfrak{V}||_4^{8/5}+|\,\mathfrak{g}|\right)(||s^{(n)}||_2^2+||\mathfrak{V}^{(n)}||_2^2)$$

$$+\,2C_3\frac{1}{\tau}\left(\frac{\varepsilon}{2}\right)^{-3/5}||\,\mathfrak{v}^{(n)}-\mathfrak{u}^{(n)}||_4^{8/5}\,(||s^{(n)}||_2^2+||\,\mathfrak{U}^{(n)}||_2^2+||\mathfrak{V}^{(n)}||_2^2)$$

$$+\,\varepsilon\,(||\,\mathfrak{U}_x^{(n-1)}||_2^2+||\mathfrak{V}_x^{(n-1)}||_2^2+||\operatorname{div}\mathfrak{U}^{(n-1)}||_2^2+||\operatorname{div}\mathfrak{V}^{(n-1)}||_2^2)$$

$$+\frac{1}{\varepsilon}(|\varrho^{(n-1)}|_\Omega\,||r^{(n)}||_2^2+|\sigma^{(n-1)}|_\Omega\,||s^{(n)}||_2^2)$$

$$+\frac{C_3}{\varepsilon^{3/5}}[||\operatorname{grad}\varrho^{(n-1)}||_4^{8/5}\,(||r^{(n)}||_2^2+||\,\mathfrak{U}^{(n-1)}||_2^2)+||\operatorname{grad}\sigma^{(n-1)}||_4^{8/5}\,(||s^{(n)}||_2^2+||\mathfrak{V}^{(n-1)}||_2^2)]\,.$$

Dabei ist

$$\mathfrak{U}=\frac{\partial\mathfrak{u}^{(n-1)}}{\partial t}+(\mathfrak{u}^{(n-2)}\operatorname{grad})\,\mathfrak{u}^{(n-1)}\,,$$

$$\mathfrak{V}=\frac{\partial\mathfrak{v}^{(n-1)}}{\partial t}+(\mathfrak{v}^{(n-2)}\operatorname{grad})\,\mathfrak{v}^{(n-1)}$$

zu setzen. Wenn wir von den a priori Abschätzungen für die Näherungslösungen Gebrauch machen, erhält die letzte Ungleichung nach Integration über t und anschließender sup-Bildung für $\varepsilon<\min\left(\frac{2}{3}\mu,\frac{2}{3}\mu_S\right)$ die Form

$$\frac{1}{2}\sup_{t\leqq t_1}\int\limits_\Omega(r^{(n)2}+s^{(n)2}+\varrho^{(n)}\mathfrak{U}^{(n)2}+\sigma^{(n)}\,\mathfrak{V}^{(n)2})\,\mathrm{d}x$$

$$+\int\limits_0^{t_1}\left[\left(\frac{1}{3}\mu-\varepsilon\right)(||\,\mathfrak{U}_x^{(n)}||_{2,\Omega}^2+||\operatorname{div}\mathfrak{U}^{(n)}||_{2,\Omega}^2)+\left(\frac{1}{3}\mu_S-\varepsilon\right)(||\mathfrak{V}_x^{(n)}||_{2,\Omega}^2+||\operatorname{div}\mathfrak{V}^{(n)}||_{2,\Omega}^2)\right]\mathrm{d}t$$

$$\leqq\varepsilon\int\limits_0^{t_1}(||\,\mathfrak{U}_x^{(n-1)}||_{2,\Omega}^2+||\operatorname{div}\mathfrak{U}^{(n-1)}||_{2,\Omega}^2+||\mathfrak{V}_x^{(n-1)}||_{2,\Omega}^2+||\operatorname{div}\mathfrak{V}^{(n-1)}||_{2,\Omega}^2)\,\mathrm{d}t$$

$$+\,C_\varepsilon t_1\sup_{t\leqq t_1}\int\limits_\Omega(r^{(n)2}+s^{(n)2}+\mathfrak{U}^{(n)2}+\mathfrak{V}^{(n)2}+r^{(n-1)2}+s^{(n-1)2}+\mathfrak{U}^{(n-1)2}+\mathfrak{V}^{(n-1)2})\,\mathrm{d}x\,.\qquad(25)$$

Dabei wurden im letzten Integral $r^{(n-1)2}$ und $s^{(n-1)2}$ hinzugefügt. Setzt man

$$\varepsilon = \frac{1}{12}\bar{\mu}\,, \qquad \bar{\mu} = \min(\mu, \mu_S)\,,$$

$$t_1 \leqq \min\left(t_0, \frac{m(t_0)}{8C_\varepsilon}\right), \quad m(t_0) = \min_n \min\,(1, \min_{Q_{t_0}} \varrho^{(n)}, \min_{Q_{t_0}} \sigma^{(n)})\,.$$

$$I_n = \frac{3}{8} m(t_0) \sup_{t \leqq t_1} \int_\Omega (r^{(n)2} + s^{(n)2} + \mathfrak{U}^{(n)2} + \mathfrak{V}^{(n)2})\,dx$$

$$+ \frac{\bar{\mu}}{4} \int_0^{t_1} (\|\mathfrak{U}_x^{(n)}\|_2^2 + \|\mathfrak{V}_x^{(n)}\|_2^2 + \|\operatorname{div}\mathfrak{U}^{(n)}\|_2^2 + \|\operatorname{div}\mathfrak{V}^{(n)}\|_2^2)\,dt\,,$$

so läßt sich (25) in der Form

$$3I_n \leqq I_{n-1}$$

schreiben, woraus $I_n \leqq \frac{1}{3^{n-1}} I_1$, also $\lim_{n\to\infty} I_n = 0$ folgt. Also konvergieren $\{\varrho^{(n)}\}$, $\{\sigma^{(n)}\}$, $\{\mathfrak{u}^{(n)}\}$, $\{\mathfrak{v}^{(n)}\}$ für beliebiges $t \leqq t_1$ in $L_2(\Omega)$ und in $L_{2,\infty}(Q_{t_1})$.

Die Grenzfunktionen $\mathfrak{u}$ und $\mathfrak{v}$ gehören (auf Grund der a priori Abschätzungen, die auch für die Grenzfunktion gelten) sogar zu $W_4^{2,1}(Q_{t_1})$. Da außerdem

$$|\mathfrak{u}|_{Q_{t_1}} \leqq C_5(\|\mathfrak{u}\|_{4,Q_{t_1}}^{(2,1)})^\alpha \|\mathfrak{u}\|_{2,Q_{t_1}}^{1-\alpha}\,, \qquad \alpha = \frac{10}{13}\,,$$

$$\|\mathfrak{u}_x\|_{s,Q_{t_1}} \leqq C_6(\|\mathfrak{u}\|_{4,Q_{t_1}}^{(2,1)})^\beta \|\mathfrak{u}\|_{2,Q_{t_1}}^{1-\beta}\,, \qquad \beta = \frac{1}{13}\left(\frac{7}{2} - \frac{5}{s}\right), \qquad 2 \leqq s < 20\,,$$

ist, streben die Geschwindigkeiten sogar gleichmäßig und ihre ersten Ortsableitungen bezüglich der Norm von $L_s(Q_{t_1})$ gegen ihre Grenzwerte. Für die Dichten zeigt man analog die gleichmäßige Konvergenz gegen eine Funktion aus $W_{4,s}^{1,1}(Q_{t_1})$ für beliebiges $s > 1$.

Wir zeigen, daß die Grenzfunktionen eine Lösung des Anfangs-Randwertproblems (1)—(10) sind. Zu diesem Zweck schreiben wir die Differentialgleichungen als Integralidentitäten. Den Beweis für die Möglichkeit des Grenzübergangs unter dem Integral skizzieren wir am Beispiel des konvektiven Beschleunigungsgliedes (für alle übrigen Summanden erfolgt die Betrachtung ähnlich, aber müheloser). Die Integralidentitäten, welche den Differentialgleichungen (1)—(4) entsprechen, haben folgendes Aussehen

$$\int_{Q_{t_1}} (\varrho\varphi_t + \varrho\mathfrak{u}\operatorname{grad}\varphi)\,dx\,dt + \int_\Omega \varrho_0(x)\,\varphi(x,0)\,dx = 0\,,$$

$$\int_{Q_{t_1}} (\sigma\psi_t + \sigma\mathfrak{v}\operatorname{grad}\psi)\,dx\,dt + \int_\Omega \sigma_0(x)\,\psi(x,0)\,dx = 0\,,$$

$$-\int_{Q_{t_1}} \big(\varrho\mathfrak{u}\eta_t + \varrho\mathfrak{u}(\mathfrak{u}\operatorname{grad})\,\eta\big)\,dx\,dt + \mu\int_{Q_{t_1}} \mathfrak{u}_x\eta_x\,dx\,dt + \frac{1}{3}\mu\int_{Q_{t_1}} \operatorname{div}\mathfrak{u}\operatorname{div}\eta\,dx\,dt$$

$$-\int_{Q_{t_1}} p(\varrho)\operatorname{div}\eta\,dx\,dt = \int_{Q_{t_1}} \varrho\mathfrak{g}\eta\,dx\,dt + \int_\Omega \varrho_0\mathfrak{u}_0\eta(x,0)\,dx + \frac{1}{\tau}\int_{Q_{t_1}} \sigma(\mathfrak{v}-\mathfrak{u})\,\eta\,dx\,dt\,,$$

$$-\int_{Q_{t_1}} \big(\sigma\mathfrak{v}\xi_t + \sigma\mathfrak{v}(\mathfrak{v}\operatorname{grad})\,\xi\big)\,dx\,dt + \mu_S\int_{Q_{t_1}} \mathfrak{v}_x\xi_x\,dx\,dt + \frac{1}{3}\mu_S\int_{Q_{t_1}} \operatorname{div}\mathfrak{v}\operatorname{div}\xi\,dx\,dt$$

$$-\int_{Q_{t_1}} q(\sigma)\operatorname{div}\xi\,dx\,dt = \int_{Q_{t_1}} \sigma\mathfrak{g}\xi\,dx\,dt + \int_\Omega \sigma_0\mathfrak{v}_0\xi(x,0)\,dx + \frac{1}{\tau}\int_{Q_{t_1}} \sigma(\mathfrak{u}-\mathfrak{v})\,\xi\,dx\,dt\,.$$

Dabei wurde vom GAUSSschen Satz Gebrauch gemacht und bei der Umformung der Beschleunigungsglieder von der Kontinuitätsgleichung. An Stelle der Differentialgleichungen für die (17)—(20) Näherungslösungen erhalten wir die Integralbeziehungen

$$\int_{Q_{t_1}} (\varrho^{(n)}\varphi_t + \varrho^{(n)}\mathfrak{u}^{(n-1)}\operatorname{grad}\varphi)\,dx\,dt + \int_\Omega \varrho_0(x)\,\varphi(x,0)\,dx = 0\,,$$

$$\int_{Q_{t_1}} (\sigma^{(n)}\psi_t + \sigma^{(n)}\mathfrak{v}^{(n-1)}\operatorname{grad}\psi)\,dx\,dt + \int_\Omega \sigma_0(x)\,\psi(x,0)\,dx = 0\,,$$

$$-\int_{Q_{t_1}} \left(\varrho^{(n)}\mathfrak{u}^{(n)}\eta_t + \varrho^{(n)}\mathfrak{u}^{(n)}(\mathfrak{u}^{(n-1)}\,\mathrm{grad})\,\eta\right) dx\,dt + \mu \int_{Q_{t_1}} \mathfrak{u}_x^{(n)}\eta_x\,dx\,dt + \frac{1}{3}\mu \int \mathrm{div}\,\mathfrak{u}^{(n)}\,\mathrm{div}\,\eta\,dx\,dt$$

$$-\int_{Q_{t_1}} p(\varrho^{(n)})\,\mathrm{div}\,\eta\,dx\,dt = \int_{Q_{t_1}} \varrho^{(n)}\mathfrak{g}\eta\,dx\,dt + \int_{\Omega} \varrho_0\mathfrak{u}_0\eta(x,0)\,dx + \frac{1}{\tau}\int_{Q_{t_1}} \sigma^{(n)}(\mathfrak{v}^{(n)} - \mathfrak{u}^{(n)})\,\eta\,dx\,dt\,,$$

$$-\int_{Q_{t_1}} \left(\sigma^{(n)}\mathfrak{v}^{(n)}\xi_t + \sigma^{(n)}\mathfrak{v}^{(n)}(\mathfrak{v}^{(n-1)}\,\mathrm{grad})\,\xi\right) dx\,dt + \mu_S \int_{Q_{t_1}} \mathfrak{v}_x^{(n)}\xi_x\,dx\,dt + \frac{1}{3}\mu_S \int_{Q_{t_1}} \mathrm{div}\,\mathfrak{v}^{(n)}\,\mathrm{div}\,\xi\,dx\,dt$$

$$-\int_{Q_{t_1}} q(\sigma^{(n)})\,\mathrm{div}\,\xi\,dx\,dt = \int_{Q_{t_1}} \sigma^{(n)}\mathfrak{g}\xi\,dx\,dt + \int_{\Omega} \sigma_0\mathfrak{v}_0\xi(x,0)\,dx + \frac{1}{\tau}\int_{Q_{t_1}} \sigma^{(n)}(\mathfrak{u}^{(n)} - \mathfrak{v}^{(n)})\,\xi\,dx\,dt\,,$$

wobei φ, ψ, η, ξ beliebige stetig differenzierbare Funktionen sind, die bei $t = t_1$ verschwinden und für die $\eta|_S = \xi|_S = 0$ gilt. Um nachzuweisen, daß

$$\lim_{n\to\infty} \int_{Q_{t_1}} \varrho^{(n)}\mathfrak{u}^{(n)}(\mathfrak{u}^{(n-1)}\,\mathrm{grad})\,\eta\,dx\,dt = \int_{Q_{t_1}} \varrho\mathfrak{u}(\mathfrak{u}\,\mathrm{grad})\,\eta\,dx\,dt$$

ist, benutzt man die für beliebiges n geltende Identität

$$\int_{Q_{t_1}} \left(\varrho^{(n)}\mathfrak{u}^{(n)}(\mathfrak{u}^{(n-1)}\,\mathrm{grad})\,\eta - \varrho\mathfrak{u}(\mathfrak{u}\,\mathrm{grad})\,\eta\right) dx\,dt = \int_{Q_{t_1}} \left(\varrho^{(n)}\mathfrak{u}^{(n)}(\mathfrak{u}^{(n-1)}\,\mathrm{grad})\,\eta - \varrho\mathfrak{u}^{(n)}(\mathfrak{u}^{(n-1)}\,\mathrm{grad})\,\eta\right) dx\,dt +$$

$$\int_{Q_{t_1}} \left(\varrho\mathfrak{u}^{(n)}(\mathfrak{u}^{(n-1)}\,\mathrm{grad})\,\eta - \varrho\mathfrak{u}(\mathfrak{u}^{(n-1)}\,\mathrm{grad})\,\eta\right) dx\,dt + \int_{Q_{t_1}} \left(\varrho\mathfrak{u}(\mathfrak{u}^{(n-1)}\,\mathrm{grad})\,\eta - \varrho\mathfrak{u}(\mathfrak{u}\,\mathrm{grad})\,\eta\right) dx\,dt$$

und zeigt, daß jedes der drei rechts stehenden Integrale für $n \to \infty$ gegen Null geht. Dazu schätzt man die Integrale mit Hilfe der HÖLDERschen Ungleichung ab und nutzt die Konvergenzeigenschaften der Folge der Näherungslösungen aus. Die so gefundene Lösung läßt sich auf Grund der Endlichkeit von $\sup_{t \le t_1} (\|\mathfrak{u}(x,t)\|_{4,\Omega}^{(3/2)})^4$ bis zu einem $t_2 > t_1$ fortsetzen usw. Dies ändert jedoch prinzipiell nichts an dem bisher gewonnenen Ergebnis, weil man damit rechnen muß, daß die Fortsetzungsintervalle immer kleiner werden. Mit anderen Worten, der Zeitpunkt $T > 0$, bis zu dem wir die Existenz nachweisen können, hängt von R und vom Strömungsgebiet ab.

Der Einzigkeitssatz gewährleistet dann, daß die Lösung für das Zeitintervall, für das sie existiert, auch eindeutig bestimmt ist.

Der Fall $\varrho = \mathrm{const}$

Unsere Betrachtungen lassen sich übertragen auf den Fall, daß die eine Phase (das Gas) inkompressibel ist. Dann reduziert sich (1) auf

$$\mathrm{div}\,\mathfrak{u} = 0 \tag{1'}$$

und (3) geht über in

$$\varrho\left(\frac{\partial\mathfrak{u}}{\partial t} + (\mathfrak{u}\,\mathrm{grad})\,\mathfrak{u}\right) = -\,\mathrm{grad}\,p + \mu\,\Delta\mathfrak{u} + \varrho\,\mathfrak{g} + \frac{1}{\tau}\sigma(\mathfrak{v} - \mathfrak{u})\,. \tag{3'}$$

Die Dichte ϱ ist dann als gegebene Konstante anzusehen. Der Beweis des Einzigkeitssatzes kann in diesem Fall fast wörtlich übernommen werden, wobei einige Summanden von vornherein verschwinden.

Die Differentialgleichungen (17)—(20) für die Näherungslösungen können in der Form

$$\frac{\partial\sigma^{(n)}}{\partial t} + \mathrm{div}\,(\sigma^{(n)}\,\mathfrak{v}^{(n-1)}) = 0\,, \tag{17'}$$

$$\mathrm{div}\,\mathfrak{u}^{(n-1)} = 0\,, \tag{18'}$$

$$\left.\begin{aligned} &\varrho\left(\frac{\partial\mathfrak{u}^{(n)}}{\partial t} + (\mathfrak{u}^{(n-1)}\,\mathrm{grad})\,\mathfrak{u}^{(n)}\right) - \mu\,\Delta\mathfrak{u}^{(n)} + \mathrm{grad}\,p^{(n)} = \varrho\,\mathfrak{g} + \frac{1}{\tau}\sigma^{(n)}(\mathfrak{v}^{(n)} - \mathfrak{u}^{(n)})\,,\\ &\mathrm{div}\,\mathfrak{u}^{(n)} = 0\,,\end{aligned}\right\} \tag{19'}$$

$$\sigma^{(n)}\left(\frac{\partial\mathfrak{v}^{(n)}}{\partial t} + (\mathfrak{v}^{(n-1)}\,\mathrm{grad})\,\mathfrak{v}^{(n)}\right) - \mu_S\,\Delta\mathfrak{v}^{(n)} - \frac{1}{3}\mu_S\,\mathrm{grad}\,\mathrm{div}\,\mathfrak{v}^{(n)} + \mathrm{grad}\,q^{(n)}$$

$$= \sigma^{(n)}\mathfrak{g} + \frac{1}{\tau}\sigma^{(n)}(\mathfrak{u}^{(n)} - \mathfrak{v}^{(n)}) \tag{20'}$$

aufgeschrieben werden. Die sich daran anschließenden Betrachtungen können übernommen werden, wobei sich wiederum Vereinfachungen ergeben. Dabei verweisen wir hinsichtlich (19') auf die Ergebnisse in [6], Kap. IV für die instationären linearisierten NAVIER-STOKESschen Gleichungen.

Literatur

1 Ishii, M., Thermo-Fluid Dynamic Theory of Two-Phase Flow, Eyrolles Paris 1975.
2 Marble, F. E., Dynamics of Dusty Gases, Annual Review of Fluid Mechanics 2, 397–446 (1970).
3 В. А. Солонников, О разрешимости начально-краевой задачи для уравнений движения вязкой сжимаемой жидкости, Записки научных семинаров ДОМИ 56, 128–142 (1976).
4 В. А. Солонников, О краевых задачах для линейных параболических систем дифференциальных уравнений общего вида, Труды мат. института им. В. А. Стеклова АНСССР 83, 3–162 (1965).
5 О. А. Ладыженская, В. А. Солонников, Об однозначной разрещимости начально-краевой задачи для вязких несжимаемых неоднородных жидкостей, Записки научных семинаров ЛОМИ 52, 52–109 (1975).
6 О. А. Ладыженская, Математические вопросы динамики вязкой несжимаемой жидкости, Издание второе, Москва 1970.

Anschrift: Prof. Dr. Joachim Förste, Zentralinstitut für Mathematik und Mechanik der Akademie der Wissenschaften der DDR, 108 Berlin, Mohrenstr. 39, DDR

ZAMM 58, 199 – 208 (1978)

Карташов Э. М., Нечаев В. М.

Метод функций Грина при решении краевых задач уравнения теплопроводности в нецилиндрических областях

Es werden Randbedingungen zur Ermittlung der Greenschen Funktionen für die entsprechenden Randwertprobleme der Wärmeleitungsgleichung in einem Gebiet mit sich nach einem spontanen Gesetz ändernden Rändern formuliert. Für ein Gebiet mit der sich gleichmäßig bewegenden Rändern wird eine Methode zur Konstruktion der Greenschen Funktionen vorgeschlagen.

For the corresponding boundary value problems of the heat conduction equation in a region where the motion of the border follows a spontaneous law boundary conditions for finding Green's functions are formulated. In a region with uniformly moving border a method of finding Green's functions is proposed.

Формулируются краевые условия для построении функций Грина соответствующих краевых задач уравнения теплопроводности в области со самопроизвольно движущимися границами. Предлагается метод построении функций Грина в области с равномерно движущимися границами.

Введение

В последние десятилетия в связи с разнообразными физическими приложениями возник интерес к решению краевых задач нестационарной теплопроводности (*диффузии*) в областях, которые меняют свои размеры с течением времени. Подобные проблемы возникают при теоретическом изучении процессов переноса энергии, связанных с изменением агрегатного состояния вещества [1—2], в теории прочности [3—4], теории плотин [5], в электродинамических задачах [6], задачах фильтрации [7—8] и т. д. С математической точки зрения краевые задачи теплопроводности в области с движущимися границами принципиально отличны от классических. Вследствие зависимости границы области от времени к этому типу задач в общем случае не применимы методы разделения переменных и интегральных преобразований Фурье, так как оставаясь в рамках классических методов математической физики не удается согласовать решение уравнения теплопроводности с движением границы области теплопереноса. Развитие этой проблемы происходит, по-видимому, следующим образом. С одной стороны, точные решения частных задач подобного типа удалось получить при помощи удачных догадок, искусственных приемов. С другой стороны, для решения этих задач при весьма их общей постановке модифицировались классические методы дифференциальных уравнений математической физики. Изложение результатов, накопленных в этой области прикладной математики к настоящему времени, дано в обзоре [9].

Настоящая работа посвящена изложению аналитического метода решения краевых задач теплопроводности для области с равномерно движущейся границей. Учитывая возможность аппроксимации достаточно общих законов движения границы линейными функциями, излагаемые результаты могут быть использованы при рассмотрении других случаев. Первые результаты, посвященные изучению процесса теплопроводности в указанной области получены в работе [10]. В литературе неоднократно отмечалась сложность и громоздкость излагаемого подхода, невозможность использования численного счета по полученным решениям. Среди других работ следует указать [11], однако результаты этой работы должны быть пересмотрены ввиду ошибочности постановок рассматриваемых краевых задач. Излагаемый ниже подход лишен указанных недостатков.

I. Пусть D - конечная или частично ограниченная выпуклая область изменения пространственных переменных (x, y, z)-координат точки $M(x, y, z)$; S - кусочно гладкая поверхность, ограничивающая область D, $\vec{n}$ - внутренняя нормаль к S, $\Omega = \{M \in D, t > 0\}$ — цилиндрическая область в фазовом пространстве переменных (x, y, z, t) с основанием D при $t = 0$. Пусть $T(M, t)$ — температурное поле в области Ω, которое может быть найдено в результате решения задачи

$$\frac{\partial T}{\partial t} = a^2 \Delta T(M, t) + f(M, t), \qquad M \in D, \ t > 0, \tag{1}$$

$$T(M, 0) = \Phi_0(M), \ M \in \bar{D}, \tag{2}$$

$$\beta_1 \frac{\partial T(M, t)}{\partial n} - \beta_2 T(M, t) = -\varphi(M, t), \ M \in S, \ t \geqq 0, \tag{3}$$

Здесь:

$$f(M, t) \in C^0(\bar{\Omega}), \ \Phi_0(M) \in C^1(\bar{D}), \ \varphi \in C^0(S \times t \geqq 0),$$

$$\bar{D} = D + S, \ \bar{\Omega} = \{M \in \bar{D}, \ t \geqq 0\};$$

искомое решение

$$T(M, t) \in C^2(\Omega) \cap C^0(\bar{\Omega}), \mathrm{grad}_M\, T(M, t) \in C^0(\bar{\Omega}); \beta_1^2 + \beta_2^2 > 0; \beta_i = \mathrm{const.}\ (i = 1, 2), a^2 = \lambda/c\varrho$$

коэффициент температуропроводности, $(c\varrho)$ — теплоемкость единицы объема вещества; $C^p(D)$ — означает множество функций T, непрерывных вместе с частными производными $D^\alpha T$, $\alpha \leqq p$ $(p \geqq 0)$ по всем переменным в области D (α, p — целые), $C^0(D)$ — множество функций, непрерывных в D. В силу принципа суперпозиции, справедливого для линейных задач переноса можно сразу записать интегральное представление решения $T(M, t)$ задачи (1)—(3), если известна соответствующая функция Грина $G(M, P, t-\tau)$ для данной области [12]:

$$T(M,t) = \iiint_D \Phi_0(P)\, G(M,P,t)\, dv_P + a^2 \int_0^t \iint_S [\theta(M,P,t,\tau)]_{P\in S}\, d\tau\, d\sigma_P + \\ + \int_0^t \iiint_D f(P,\tau)\, G(M,P,t-\tau)\, d\tau\, dv_P \tag{4}$$

где: а) $\theta = \varphi(P,\tau)\,[\partial G/\partial n_P]$ на всей или части S, в случае первой краевой задачи ($\beta_1 = 0$, $\beta_2 = 1$); в) $\theta = (1/\lambda) \times \times \varphi(P,\tau)\, G(M,P,t-\tau)$ на всей или части S в случае второй ($\beta_2 = 0$, $\beta_1 = \lambda$) или третьей ($\beta_1 = \lambda$, $\beta_2 = \alpha$ — — коэффициент теплообмена) краевых задач.

Если Ω — цилиндрическая область, то функция G (как решение более простой задачи) *удовлетворяет однородному уравнению* (1) *и однородным граничным условиям того же вида, что и* (3)

$$\frac{\partial G}{\partial t} = a^2 \Delta G(M,P,t-\tau)\,, \qquad M \in D,\ t > \tau\,, \tag{5}$$

$$G(M,P,t-\tau)\,|_{t=\tau} = \delta(M,P), \quad M \in D\,,$$
$$\beta_1 \frac{\partial G(M,P,t-\tau)}{\partial n} - \beta_2 G(M,P,t-\tau) = 0, \quad M \in S,\ t > \tau\,. \tag{6}$$

Здесь $\delta(M, P)$ — дельта функция, определяемая следующим образом [12]:

$$\delta(M,P) = 0\,, \quad \text{при} \quad (M \neq P)\,; \qquad \delta(M,P) = \infty\,, \quad \text{при} \quad (M = P)\,;$$
$$\iiint_D \delta(M,P)\, f(P)\, dv_P = \begin{cases} f(M)\,, & \text{если} \quad M \in D \\ 0\,, & \text{если} \quad M \notin D\,. \end{cases}$$

Функция $G(M, P, t-\tau)$ может быть найдена известными методами аналитической теории теплопроводности твердых тел. Всякий случай нахождения функции Грина соответствующей краевой задачи для той или иной области весьма важен, так как содержит в себе обширную информацию, позволяя выписать большое число решений в зависимости от характера неоднородностей в (1)—(3) (без необходимости заново решать задачу с измененной краевой функцией при том же типе краевых условий). Отсюда, *при решении классических краевых задач нестацционарной теплопроводности метод функций* Грина *является предпочтительным по сравнению с другими подходами. Однако существо вопроса резко меняется когда область Ω — нецилиндрическая*, то есть когда сечение Ω плоскостью-характеристикой $t = \text{const} \geqq t_0 > 0$ есть область D_t с границей S_t, зависящей от времени t. *Для такого рода областей краевые задачи нестационарной теплопроводности ставятся аналогично, как и случае* (1)—(3), *если преположить, что движение границы S_t не нарушает процесса теплопроводности*; при этом *начальное условие* (2) *выполняется в* ($D_{t=0}$), *а граничное* (3) *— на поверхности S_t при $t \geqq 0$. Интегральная формула* (4) *для решений указанного класса задач* (краевые задачи теплопроводности обобщенного типа) *остается справедливой и для областей с перемещающимися границами, однако постановка соответствующей краевой задачи относительно функции* Грина G *для области $D_t (t \geqq 0)$ принципиально отличается от* (5)—(6), и в этом случае следует проявлять осторожность, чтобы не получить ошибочный результат.[1])

II. Рассмотрим область $\Omega_t = \{y_1(t) < x < y_2(t),\ t > 0\}$, где $y_i(t)$ — непрерывно дифференцируемые функции, в которой $T(x, t)$ удовлетворяет условиям:

$$\frac{\partial T}{\partial t} = a^2 \frac{\partial^2 T}{\partial x^2}\,, \quad (x,t) \in \Omega_t\,, \tag{7}$$

$$T(x,0) = \Phi_0(x)\,, \quad y_1(0) \leqq x \leqq y_2(0)\,, \quad \big(y_2(0) \geqq y_1(0) \geqq 0\big)\,, \tag{8}$$

$$\left[\beta_{i1} \frac{\partial T(x,t)}{\partial x} - \beta_{i2} T(x,t)\right]_{x=y_i(t)} = -\varphi_i(t)\,, \quad t \geqq 0\,, \qquad (i = 1, 2)\,. \tag{9}$$

Здесь для краткости положено: $f(x, t) = 0$; $\beta_{ij} = \text{const}$, $\beta_{i1}^2 + \beta_{i2}^2 > 0$. *Выясним далее, какова должна быть постановка краевой задачи относительно соответствующей функции* Грина $G(x, x', t, \tau)$ *для рассматриваемой области*. Характерным для данной задачи является наличие движущихся границ и, следовательно, то обстоятельство, что температурное поле, описываемое функцией $G(x, x', t, \tau)$ в силу ее физического смысла (тепловой импульс мощности $Q = c\varrho$) зависит не от разности $(t-\tau)$, а от t и τ, так как определяющим будет не только время действия $(t-\tau)$, но и момент т возникновения импульса. Представим $G(x, x', t, \tau)$ в виде [13]:

$$G(x,x',t,\tau) = \frac{1}{2a\sqrt{\pi(t-\tau)}} \exp\left[-\frac{(x-x')^2}{4a^2(t-\tau)}\right] + q(x,x',t,\tau) = G_0(x,x',t,\tau) + q(x,x',t,\tau) \tag{10}$$

где G_0 — фундаментальное решение уравнения теплопроводности (7).

[1]) Указанное обстоятельство является причиной ошибочности результатов ряда работ, в которых строятся функции Грина в области с движущейся границей (см. обзор [9], где эти работы перечислены).

Функция G_0 удовлетворяет уравнению (7) по переменным (x, t) и сопряженному с (7) уравнению по переменным (x', τ). Функцию q, регулярную составляющую функции Грина, выберем так, чтобы удовлетворялось уравнение $\partial q/\partial\tau = -a^2\partial^2 q/\partial x'^2$ и начальное условие $q(x, x', t = \tau, \tau) = 0$. Таким образом, имеем для функции $G(x, x', t, \tau)$:

$$\frac{\partial G}{\partial\tau} = -a^2\frac{\partial^2 G}{\partial x'^2}, \quad y_1(\tau) < x' < y_2(\tau), \quad \tau < t, \tag{11}$$

$$G(x, x', t, \tau)|_{\tau=t} = \delta(x' - x), \quad y_1(t) < x' < y_2(t). \tag{12}$$

Рассмотрим равенство:

$$\frac{\partial}{\partial\tau}[T(x', \tau)\,G(x, x', t, \tau)] = \frac{\partial T}{\partial\tau}G + T\frac{\partial G}{\partial\tau} = a^2\left(G\frac{\partial^2 T}{\partial x'^2} - T\frac{\partial^2 G}{\partial x'^2}\right). \tag{13}$$

Проинтегрируем (13) по $x' \in [y_1(\tau), y_2(\tau)]$:

$$\int\limits_{y_1(\tau)}^{y_2(\tau)}\frac{\partial}{\partial\tau}(TG)\,dx' = a^2\int\limits_{y_1(\tau)}^{y_2(\tau)}\left(G\frac{\partial^2 T}{\partial x'^2} - T\frac{\partial^2 G}{\partial x'^2}\right)dx' = a^2\left[\left(G\frac{\partial T}{\partial x'} - T\frac{\partial G}{\partial x'}\right)\right]_{x'=y_1(\tau)}^{x'=y_2(\tau)}. \tag{14}$$

Соотношение (14) справедливо при всех $\tau < t$ и, следовательно, его можно проинтегрировать по τ для $0 < \tau < t - \varepsilon$, где $\varepsilon > 0$ — сколь угодно малое число (при $0 < \tau < t - \varepsilon$ подинтегральная функция слева достаточно регулярна, так как исключена особенность у функции G в точке $x = \xi$ при $\tau = t$). Получим:

$$\int\limits_0^{t-\varepsilon}d\tau\int\limits_{y_1(\tau)}^{y_2(\tau)}\frac{\partial}{\partial\tau}(TG)\,dx' = a^2\int\limits_0^{t-\varepsilon}\left(G\frac{\partial T}{\partial x'} - T\frac{\partial G}{\partial x'}\right)_{x'=y_2(\tau)}d\tau - a^2\int\limits_0^{t-\varepsilon}\left(G\frac{\partial T}{\partial x'} - T\frac{\partial G}{\partial x'}\right)_{x'=y_1(\tau)}d\tau.$$

Вынося слева оператор $(\partial/\partial\tau)$ за знак определенного интеграла, найдем:

$$\int\limits_{y_1(t-\varepsilon)}^{y_2(t-\varepsilon)}(TG)_{\tau=t-\varepsilon}\,dx' = \int\limits_{y_1(0)}^{y_2(0)}T(x', 0)\,G(x, x', t, 0)\,dx' +$$

$$+ a^2\int\limits_0^{t-\varepsilon}\left[G\frac{\partial T}{\partial x'} - T\left(\frac{\partial G}{\partial x'} - \frac{1}{a^2}\frac{dy_2}{d\tau}G\right)\right]_{x'=y_2(\tau)}d\tau - a^2\int\limits_0^{t-\varepsilon}\left[G\frac{\partial T}{\partial x'} - T\left(\frac{\partial G}{\partial x'} - \frac{1}{a^2}\frac{dy_1}{d\tau}G\right)\right]_{x'=y_1(\tau)}d\tau. \tag{15}$$

Переходим к пределу при $\varepsilon \to 0$; учитывая (12) и равенство

$$\lim_{\varepsilon\to 0}\int\limits_{y_1(t-\varepsilon)}^{y_2(t-\varepsilon)}[T(x', t - \tau)\,G(x, x', t, \tau)]_{\tau=t-\varepsilon}\,dx' = \int\limits_{y_1(t)}^{y_2(t)}T(x', t)\,\delta(x' - x)\,dx' = T(x, t)$$

получим *основную интегральную формулу*:

$$T(x, t) = \int\limits_{y_1(0)}^{y_2(0)}T(x', 0)\,G(x, x', t, 0)\,dx' + a^2\int\limits_0^t\left[G\frac{\partial T}{\partial x'} - T\left(\frac{\partial G}{\partial x'} - \frac{1}{a^2}\frac{dy_2}{d\tau}G\right)\right]_{x'=y_2(\tau)}d\tau -$$

$$- a^2\int\limits_0^t\left[G\frac{\partial T}{\partial x'} - T\left(\frac{\partial G}{\partial x'} - \frac{1}{a^2}\frac{dy_1}{d\tau}G\right)\right]_{x'=y_1(\tau)}d\tau \tag{16}$$

дающую представление произвольных решений уравнения теплопроводности (7).

Предположим, что в (9) *заданы* граничные условия: а) *либо первого рода* ($\beta_{i1} = 0$; $\beta_{i2} = 1$); в) *либо второго рода* $\left(\beta_{i1} = (-1)^{i+1}\lambda_i;\ \beta_{i2} = 0\right)$; с) *либо третьего рода* $\left(\beta_{i1} = (-1)^{i+1}\lambda_i;\ \beta_{i2} = \alpha_i\right)$. *Если функцию* $G(x, x', t, \tau)$ *выбрать так, чтобы удовлетворялись граничные условия*

а) $$G(x, x', t, \tau|_{x'=y_i(\tau)} = 0, \quad \tau < t, \quad (i = 1, 2) \tag{17}$$

в случае I *краевой задачи;*

в) $$\left(\frac{\partial G}{\partial x'} - \frac{1}{a^2}\frac{dy_i}{d\tau}G\right)_{x'=y_i(\tau)} = 0, \quad \tau < t, \quad (i = 1, 2) \tag{18}$$

в случае II *краевой задачи;*

с) $$\left\{\frac{\partial G}{\partial x'} + (-1)^i\left[h_i + (-1)^{i-1}\frac{1}{a^2}\frac{dy_i}{d\tau}\right]G\right\}_{x'=y_i(\tau)} = 0 \tag{19}$$

$\tau < t$ ($h_i = \alpha_i/\lambda_i$; $i = 1, 2$)

в случае III *краевой задачи, то из* (16) *получим интегральное представление для* $T(x, t)$ *в виде:*

а) *первая краевая задача:*

$$T(x, t) = \int_{y_1(0)}^{y_2(0)} \Phi_0(x')\, G(x, x', t, 0)\, dx' + a^2 \int_0^t \varphi_1(\tau) \frac{\partial G}{\partial x'}\bigg|_{x'=y_1(\tau)} d\tau - a^2 \int_0^t \varphi_2(\tau) \frac{\partial G}{\partial x'}\bigg|_{x'=y_2(\tau)} d\tau\,; \tag{20}$$

в) *вторая и третья краевые задачи:*

$$T(x, t) = \int_{y_1(0)}^{y_2(0)} \Phi_0(x')\, G(x, x', t, 0)\, dx' + a^2 \int_0^t \frac{1}{\lambda} \varphi_1(\tau)\, G\bigg|_{x'=y_1(\tau)} d\tau + a^2 \int_0^t \frac{1}{\lambda} \varphi_2(\tau)\, G\bigg|_{x'=y_2(\tau)} d\tau\,. \tag{21}$$

Аналогичным образом в (9) могут быть рассмотрены граничные условия смешанного типа.

III. Остановимся подробнее на рассмотрении функции $G(x, x', t, \tau)$. Она определяется при помощи представления (10), удовлетворяет уравнению (11), начальному условию (12) и одному из трех видов граничных условий (17)—(19) (в зависимости от типа краевой задачи в (7)—(9).

Рассмотрим функцию $\overline{G}(x, x', t, \tau)$, *определяемую условиями:*

$$\frac{\partial \overline{G}}{\partial t} = a^2 \frac{\partial^2 \overline{G}}{\partial x^2}\,, \quad y_1(t) < x < y_2(t)\,, \quad t > \tau\,, \tag{22}$$

$$\overline{G}(x, x', t, \tau)|_{t=\tau} = \delta(x - x'),\ y_1(\tau) < x < y_2(\tau)\,, \tag{23}$$

$$\left\{\gamma_i \frac{\partial \overline{G}}{\partial x} + (-1)^i \left[\delta_i h_i + (-1)^{i-1} \frac{1}{a^2} \frac{dy_i}{dt}\right] \overline{G}\right\}_{x=y_i(t)} = 0\,, \quad t > \tau \quad (i = 1, 2)\,, \tag{24}$$

где $\gamma_i = 0$ *для* I *краевой задачи,* $\gamma_i = 1$, $\delta_i = 0$ *для* II *краевой задачи и* $\gamma_i = 1$, $\delta_i = 1$ *для* III *краевой задачи. Докажем, что* $G(x, x', t, \tau) = \overline{G}(x, x', t, \tau)$ (доказательство проведем для $\gamma_i = 0$; остальные случаи могут быть рассмотрены аналогично).

Проинтегрируем выражение

$$\frac{\partial}{\partial \theta} [\overline{G}(x'', x', \theta, \tau)\, G(x, x'', t, \theta)] = a^2 \left(G \frac{\partial^2 \overline{G}}{\partial x''^2} - \overline{G} \frac{\partial^2 G}{\partial x''^2}\right)$$

по x'' в интервале от $y_1(\theta)$ до $y_2(\theta)$, где $t > \theta > \tau$. Получим, учитывая граничные условия для $\overline{G}$ и G:

$$\int_{y_1(\theta)}^{y_2(\theta)} \frac{\partial}{\partial \theta} (\overline{G} \cdot G)\, dx'' = 0\,. \tag{25}$$

Проинтегрируем далее (25) по промежутку $[\theta, t - \varepsilon]$, где $\varepsilon > 0$ — сколь угодно малое число; повторяя рассуждения (14)—(15), найдем:

$$\int_{y_1(t-\varepsilon)}^{y_2(t-\varepsilon)} \overline{G}(x'', x', t - \varepsilon, \tau)\, [G(x, x'', t, \theta)]_{\theta=t-\varepsilon}\, dx'' = \int_{y_1(\theta)}^{y_2(\theta)} \overline{G}(x'', x', \theta, \tau)\, G\,(x, x'', t, \theta)\, dx''\,.$$

Переходя к пределу при $\varepsilon \to 0$, получим:

$$\int_{y_1(\theta)}^{y_2(\theta)} \overline{G}(x'', x', \theta, \tau)\, G(x, x'', t, \theta)\, dx'' = \int_{y_1(t)}^{y_2(t)} \overline{G}(x'', x', t, \tau)\, \delta(x'' - x)\, dx'' = \overline{G}(x, x', t, \tau)\,. \tag{26}$$

С другой стороны, интегрируя (25) по промежутку $[\tau - \varepsilon, \theta]$, что дает

$$\int_{y_1(\tau-\varepsilon)}^{y_2(\tau-\varepsilon)} G(x, x'', t, \tau - \varepsilon)\, [G(x'', x', \theta, \tau)]_{\theta=\tau-\varepsilon}\, dx'' = \int_{y_1(\theta)}^{y_2(\theta)} G(x, x'', t, \theta)\, \overline{G}(x'', x', \theta, \tau)\, dx''$$

и, устремляя $\varepsilon \to 0$, приходим к выражению

$$\int_{y_1(\theta)}^{y_2(\theta)} G(x, x'', t, \theta)\, \overline{G}(x'', x', \theta, \tau)\, dx'' = \int_{y_1(\tau)}^{y_2(\tau)} G(x, x'', t, \tau)\, \delta(x'' - x')\, dx'' = G(x, x', t, \tau)\,. \tag{27}$$

Сравнение формул (26) и (27) показывает, что $G(x, x', t, \tau) \equiv \overline{G}(x, x', t, \tau)$.

Используя результаты работ [13—14], *можно показать существование (и единственность) решения задачи* (22)—(24), *если каждая кривая* $y_i(t)$ $(i = 1, 2)$ *дифференцируема, и производные* $dy_i(t)/dt$ *удовлетворяют условию* Гёльдера *порядка* $\gamma > 1/2$. Из (24) следует, что для областей с движущимися границами по законам, отличным от ($dy_i/dt = A_i = \text{const}$; $y_i(t) = A_i t + B_i$ переход от исходной задачи (7)—(9) к предварительному построению функции Грина $G(x, x', t, \tau)$, удовлетворяющей (22)—(24) нецелесообразен в силу появления в граничном условии (24) переменного во времени „относительного коэффициента теплообмена" $h_i(t) = \delta_i h_i + (-1)^{i-1} \dfrac{1}{a^2} \dfrac{dy_i}{dt}$.

В сочетании с движением границ области условие (24) существенно усложит задачу (кроме I краевой задачи) и вызовет дополнительные технические трудности (а вследствие этого и большую громоздкость исходного решения). Что касается равномерного закона движения границы, которым можно аппроксимировать любой произвольный закон, то здесь, наоборот, более целесообразно находить предварительно соответствующие функции Грина в виде (10), причем в зависимости от выбора метода решения задачи нахождению подлежит либо функция $G(x, x', t, \tau)$ либо $q(x, x', t, \tau)$

В связи с этим рассмотрим далее развитый нами *метод построения функций* Грина *в области с равномерно движущейся границей* $[0, l + vt]$, $t > 0$. Для краткости изложения рассмотрим в (22) I краевую задачу

$$\frac{\partial G}{\partial t} = a^2 \frac{\partial^2 G}{\partial x^2}, \quad 0 < x < l + vt, \quad t > \tau \tag{28}$$

$$G|_{t=\tau} = \delta(x - x'), \quad 0 < x < l_0; \quad G|_{x=0} = G|_{x=l+vt} = 0, \quad t > \tau. \tag{29}$$

Здесь положено $l_0 = l + v\tau$. Будем искать функцию $q(x, x', t, \tau)$, удовлетворяющую в соответствии с (10) и (28)—(29) нулевому начальному условию и заданным на границах области значениям фундаментального решения уравнения теплопроводности. Имеем для $q(x, x', t, \tau)$:

$$\frac{\partial q}{\partial t'} = a^2 \frac{\partial^2 q}{\partial x^2}, \quad 0 < x < l_0 + vt', \quad t' > 0, \quad (t' = t - \tau) \tag{30}$$

$$q|_{t'=0} = 0, \quad 0 < x < l_0, \tag{31}$$

$$q|_{x=0} = -\frac{1}{2a\sqrt{\pi t'}} \exp\left(-\frac{x'^2}{4a^2 t'}\right), \quad t' > 0, \tag{32}$$

$$q|_{x=l+vt'} = -\frac{1}{2a\sqrt{\pi t'}} \exp\left[-\frac{(l_0 - x' + vt')^2}{4a^2 t'}\right], \quad t' > 0. \tag{33}$$

Решение задачи (30)—(33) будем искать в виде

$$q(x, x', t', \tau) = \frac{a}{2\sqrt{\pi}} \int_0^{t'} \frac{\varphi_1(x', \alpha, \tau)}{\sqrt{t' - \alpha}} \exp\left[-\frac{x^2}{4a^2(t' - \alpha)}\right] d\alpha + \frac{a}{2\sqrt{\pi}} \int_0^{t'} \frac{\varphi_2(x', \alpha, \tau)}{\sqrt{t' - \alpha}} \exp\left[-\frac{(x - l_0 - v\alpha)^2}{4a^2(t' - \alpha)}\right] d\alpha, \tag{34}$$

где:

$$I_1 = \frac{a}{2\sqrt{\pi}} \int_0^{t'} \frac{\varphi_1(x', \alpha, \tau)}{\sqrt{t' - \alpha}} \exp\left[-\frac{x^2}{4a^2(t' - \alpha)}\right] d\alpha$$ — тепловой потенциал простого слоя по прямой $x = 0$;

$$I_2 = \frac{a}{2\sqrt{\pi}} \int_0^{t'} \frac{\varphi_2(x', \alpha, \tau)}{\sqrt{t' - \alpha}} \exp\left[-\frac{(x - l_0 - v\alpha)^2}{4a^2(t' - \alpha)}\right] d\alpha \tag{34'}$$

— обощенный тепловой потенциал простого слоя по кривой $x = l_0 + vt'$*); функции $\varphi_1(x', t', \tau)$ и $\varphi_2(x', t', \tau)$ — неизвестные плотности потенциалов, подлежащие нахождению из условий (32), (33). *Функции I_1 и I_2 являются решениями однородного уравнения теплопроводности* (30) *во всякой внутренней точке области* $(0, l_0 + vt')$, *дважды непрерывно дифференцируемыми по координате x и непрерывно дифференцируемыми по времени t'. Эти функции обращаются в нуль при $t' = 0$ и в граничных точках области* $(0, l_0 + vt')$ *удовлетворяют равенствам* [14]:

$$I_1|_{x\to+0} = I_1|_{x=0}, \quad I_2|_{x\to(l_0+vt')-0} = I_2|_{x=l_0+vt'}. \tag{35}$$

К обеим частям равенства (34) применим преобразование Лапласа $\int_0^\infty \ldots \exp(-pt')\, dt'$, где p — любое комплексное число с

$$\operatorname{Re} p \geqq \beta > 0 \quad \text{и} \quad -\pi/2 < \arg p < \pi/2 \tag{36}$$

и найдем *операционную форму* функции $\bar{q}(x, x', p, \tau)$:

$$\bar{q}(x, x', p, \tau) = \frac{a}{2\sqrt{p}} \bar{\varphi}_1(p) \exp\left(-\frac{x}{a}\sqrt{p}\right) + \frac{a}{2\sqrt{p}} \bar{\varphi}_3\left[(\sqrt{p} + \gamma)^2\right] \exp\left[-\frac{(l_0 - x)}{a}\sqrt{p}\right], \tag{37}$$

где

$$\varphi_3(x', \alpha, \tau) = \varphi_2(x', \alpha, \tau) \exp(\gamma^2 \alpha); \quad \gamma = \frac{v}{2a}; \quad \bar{q}(x, x', p, \tau),$$

---

*) М. Жевре в работе „Sur les èquation aux derivèes partielles du type parabolique" Journ. de Math. pures et appl., **9**, N 1—4, 305—471 (1913) изучал гладкость обобщенных тепловых потенциалов и установил условия классической разрешиности уравнения теплопроводности в области с криволинейными границами, используя для этого метод функций Грина без определения, однако, этих функций и постановок для них соответствующих краевых задач.

$\bar{\varphi}_1(p)$, $\bar{\varphi}_3(p)$ — результат применения преобразования Лапласа (36) соответственно к функциям $q(x, x', t', \tau)$, $\varphi_1(x', t', \tau)$, $\varphi_3(x', t', \tau)$. В дальнейшем для нахождения оригинала $q(x, x', t', \tau)$ из (37) будем искать изображения плотностей $\bar{\varphi}_1(p)$ и $\bar{\varphi}_3[(\sqrt{p}+\gamma)^2]$.

Учитывая краевые условия (32), (33) и свойства потенциалов (35), получаем для определения функций φ_1 и φ_2 систему интегральных уравнений типа Вольтерра:

$$\frac{a}{2\sqrt{\pi}}\int\limits_0^{t'}\frac{\varphi_1(x',\alpha,\tau)}{\sqrt{t'-\alpha}}\,d\alpha+\frac{a}{2\sqrt{\pi}}\int\limits_0^{t'}\frac{\varphi_2(x',\alpha,\tau)}{\sqrt{t'-\alpha}}\exp\left[-\frac{(l_0+v\alpha)^2}{4a^2(t'-\alpha)}\right]d\alpha=-\frac{1}{2a\sqrt{\pi t'}}\exp\left(-\frac{x'^2}{4a^2t'}\right), \tag{38}$$

$$\frac{a}{2\sqrt{\pi}}\int\limits_0^{t'}\frac{\varphi_1(x',\alpha,\tau)}{\sqrt{t'-\alpha}}\exp\left[-\frac{(l_0+vt')^2}{4a^2(t'-\alpha)}\right]d\alpha+\frac{a}{2\sqrt{\pi}}\int\limits_0^{t'}\frac{\varphi_2(x',\alpha,\tau)}{\sqrt{t'-\alpha}}\exp\left[-\frac{v^2(t'-\alpha)}{4a^2}\right]d\alpha=$$
$$-\frac{1}{2a\sqrt{\pi t'}}\exp\left[-\frac{(l_0-x'+vt')^2}{4a^2t'}\right]. \tag{39}$$

Система интегральных уравнений (38), (39) приводится к виду

$$\frac{1}{2\sqrt{\pi}}\int\limits_0^{t'}\frac{\varphi_1(x',\alpha,\tau)}{\sqrt{t'-\alpha}}\,d\alpha+\frac{1}{2\sqrt{\pi}}\int\limits_0^{t'}\frac{\varphi_3(x',\alpha,\tau)}{\sqrt{t'-\alpha}}\exp\left[-\frac{l_0^2+2l_0v\alpha+v\alpha t'}{4a^2(t'-\alpha)}\right]d\alpha=$$
$$=-\frac{1}{2a^2\sqrt{\pi t'}}\exp\left(-\frac{x'^2}{4a^2t'}\right), \tag{40}$$

$$\frac{1}{2\sqrt{\pi}}\int\limits_0^{t'}\frac{\varphi_1(x',\alpha,\tau)}{\sqrt{t'-\alpha}}\exp\left[-\frac{l_0^2+2l_0vt'+v^2\alpha t'}{4a^2(t'-\alpha)}\right]d\alpha+\frac{1}{2\sqrt{\pi}}\int\limits_0^{t'}\frac{\varphi_3(x',\alpha,\tau)}{\sqrt{t'-\alpha}}\,d\alpha=$$
$$=-\frac{1}{2a^2\sqrt{\pi t'}}\exp\left[-\frac{(l_0-x')^2}{4a^2t'}-\frac{(l_0-x')}{a}\gamma\right]. \tag{41}$$

К обеим частям равенства (40) применим преобразование Лапласа (36)

$$\frac{1}{2\sqrt{\pi}}\left\{\int\limits_0^{\infty}\exp(-pt')\,dt'\int\limits_0^{t'}\frac{\varphi_1(x',\alpha,\tau)}{\sqrt{t'-\alpha}}\,d\alpha+\int\limits_0^{\infty}\exp(-pt')\,dt'\int\limits_0^{t'}\frac{\varphi_3(x',\alpha,\tau)}{\sqrt{t'-\alpha}}\exp\left[-\frac{l_0^2+2l_0v\alpha+v^2\alpha t'}{4a^2(t'-\alpha)}\right]d\alpha\right\}=$$

$$=\frac{1}{2\sqrt{\pi}}\left\{\int\limits_0^{\infty}\varphi_1(x',\alpha,\tau)\,d\alpha\int\limits_{\alpha}^{\infty}\frac{1}{\sqrt{t'-\alpha}}\exp(-pt')\,dt'+\right.$$
$$\left.+\int\limits_0^{\infty}\varphi_3(x',\alpha,\tau)\,d\alpha\int\limits_{\alpha}^{\infty}\frac{1}{\sqrt{t'-\alpha}}\exp\left[-\frac{l_0^2+2l_0v\alpha+v^2\alpha t'}{4a^2(t'-\alpha)}-pt'\right]dt'\right\}=$$

$$\frac{1}{2\sqrt{p}}\left\{\int\limits_0^{\infty}\varphi_1(x',\alpha,\tau)\exp(-p\alpha)\,d\alpha+\int\limits_0^{\infty}\varphi_3(x',\alpha,\tau)\exp\left[-(\sqrt{p}+\gamma)^2\alpha\right]d\alpha\cdot\exp\left(-\frac{l_0}{a}\sqrt{p}\right)\right\}=$$

$$=\frac{1}{2\sqrt{p}}\bar{\varphi}_1(p)+\frac{1}{2\sqrt{p}}\bar{\varphi}_3[(\sqrt{p}+\gamma)^2]\exp\left(-\frac{l_0}{a}\sqrt{p}\right)=-\frac{1}{2a^2\sqrt{p}}\exp\left(-\frac{x'}{a}\sqrt{p}\right).$$

Аналогично, применяя преобразование (36) к обеим частям равенства (41), получаем для определения $\varphi_1(p)$ и $\varphi_3[(\sqrt{p}+\gamma)^2]$ систему функциональных уравнений

$$\bar{\varphi}_1(p)+\exp\left(-\frac{l_0}{a}\sqrt{p}\right)\bar{\varphi}_3[(\sqrt{p}+\gamma)^2]=-\frac{1}{a^2}\exp\left(-\frac{x'}{a}\sqrt{p}\right),$$

$$\bar{\varphi}_1[(\sqrt{p}+\gamma)^2]\exp\left[-\frac{l_0}{a}(\sqrt{p}-\gamma)\right]+\bar{\varphi}_3(p)=-\frac{1}{a^2}\exp\left[-\frac{(l_0-x')}{a}(\sqrt{p}+\gamma)\right].$$

Исключая из системы вначале $\overline{\varphi}_1(p)$, а затем $\overline{\varphi}_3(p)$ найдем

$$\overline{\varphi}_3\left[(\sqrt{p}+2\gamma)^2\right]\exp\left[-\frac{l_0}{a}(\sqrt{p}+\gamma)\right]-\overline{\varphi}_3(p)\exp\left[-\frac{l_0}{a}(\sqrt{p}+\gamma)\right]=$$

$$-\frac{1}{a^2}\left[\exp\left(-\frac{x'}{a}(\sqrt{p}+\gamma)\right)-\exp\left(\frac{x'}{a}(\sqrt{p}+\gamma)\right)\right], \tag{42}$$

$$\overline{\varphi}_1\left[(\sqrt{p}+2\gamma)^2\right]\exp\left[-\frac{l_0}{a}(\sqrt{p}+2\gamma)\right]-\overline{\varphi}_1(p)\exp\left(\frac{l_0}{a}\sqrt{p}\right)=$$

$$=-\frac{1}{a^2}\left[\exp\left(-\frac{(l_0-x')}{a}(\sqrt{p}+2\gamma)\right)-\exp\left(\frac{l_0-x'}{a}\sqrt{p}\right)\right]. \tag{43}$$

Обозначим

$$\overline{\varphi}_3(p^2)=\overline{A}_1(p), \qquad \overline{\varphi}_1(p^2)=\overline{A}_2(p) \tag{44}$$

и перепишем (42), (43) в следующем виде:

$$\overline{A}_1(p+2\gamma)\exp\left(-\frac{2l_0}{a}\gamma\right)-\overline{A}_1(p)\exp\left(\frac{2l_0}{a}p\right)=$$

$$-\frac{1}{a^2}\left[\exp\left(\frac{l_0-x'}{a}p-\frac{l_0+x'}{a}\gamma\right)-\exp\left(\frac{l_0+x'}{a}p-\frac{l_0-x'}{a}\gamma\right)\right], \tag{45}$$

$$\overline{A}_2(p+2\gamma)\exp\left(-\frac{2l_0}{a}\gamma\right)-\overline{A}_2(p)\exp\left(\frac{2l_0}{a}p\right)=-\frac{1}{a^2}\left[\exp\left(\frac{x'}{a}p-\frac{l_0-x'}{a}2\gamma\right)-\exp\left(\frac{2l_0-x'}{a}p\right)\right]. \tag{46}$$

С помощью подстановки

$$\overline{A}_i(p)=\exp\left(\frac{l_0}{2a\gamma}p^2\right)\overline{B}_i(p), \qquad i=1,2, \tag{47}$$

уравнения (45) и (46) приводятся к уравнениям с постоянными коэффициентами

$$\overline{B}_1(p+2\gamma)-\overline{B}_1(p)=-\frac{1}{a^2}\exp\left(-\frac{l_0}{2a\gamma}p^2\right)\left\{\exp\left[-\frac{l_0+x'}{a}(p+\gamma)\right]-\exp\left[-\frac{l_0-x'}{a}(p+\gamma)\right]\right\}, \tag{48}$$

$$\overline{B}_2(p+2\gamma)-\overline{B}_2(p)=-\frac{1}{a^2}\exp\left(-\frac{l_0}{2a\gamma}p^2\right)\left\{\exp\left[-\frac{2l_0}{a}(p+\gamma)+\frac{x'}{a}(p+2\gamma)\right]-\exp\left(-\frac{x'}{a}p\right)\right\}. \tag{49}$$

Непосредственной проверкой можно убедиться, что искомым частным решением функционального уравнения $F(p+b)-F(p)=C(p)$ является функция $F(p)=-\sum_{n=0}^{\infty}C(p+bn)$, если ряд $\sum_{n=0}^{\infty}C(p+bn)$ сходится. Но ряд типа $\sum_{n=0}^{\infty}\exp\left[-(l_0/2a\gamma)(p+2\gamma n)^2-d(n,l_0,x',p)\right]$ (где $d(n,l_0,x',p)>0$ — линейные относительно n функции-см.ниже), к которому приводятся решения уравнений (48) и (49) сходится, так как $(l_0/2a\gamma)>0$.

Таким образом, решениями уравнений (48) и (49) будут функции, определяемые следующими рядами:

$$\overline{B}_1(p)=\frac{1}{a^2}\sum_{n=0}^{\infty}\exp\left[-\frac{l_0}{2a\gamma}(p+2\gamma n)^2\right]\times$$

$$\times\left\{\exp\left[-\frac{l_0+x'}{a}(p+(2n+1)\gamma)\right]-\exp\left[-\frac{l_0-x'}{a}(p+(2n+1)\gamma)\right]\right\}, \tag{50}$$

$$\overline{B}_2(p)=\frac{1}{a^2}\sum_{n=0}^{\infty}\exp\left[-\frac{l_0}{2a\gamma}(p+2\gamma n)^2\right]\times$$

$$\times\left\{\exp\left[-\frac{2l_0}{a}(p+(2n+1)\gamma)+\frac{x'}{a}(p+2(n+1)\gamma)\right]-\exp\left[-\frac{x'}{a}(p+2\gamma n)\right]\right\}. \tag{51}$$

Зная $\overline{B}_i(p)$, находим далее $\overline{A}_i(p)$ из (47) и затем с учетом (44) после несложных преобразований $\overline{\varphi}_1(p)$ и $\overline{\varphi}_3\left[(\sqrt{p}+\gamma)^2\right]$ получим

$$\overline{\varphi}_1(p)=\frac{1}{a^2}\sum_{n=0}^{\infty}\exp\left\{-\frac{2l_0\gamma}{a}(n+1)^2+\frac{x'}{a}2\gamma(n+1)-\frac{2l_0(n+1)-x'}{a}\sqrt{p}\right\}-$$

$$-\frac{1}{a^2}\sum_{n=0}^{\infty}\exp\left[-\frac{2l_0\gamma}{a}n^2-\frac{x'}{a}2\gamma n-\frac{2l_0n+x'}{a}\sqrt{p}\right], \tag{52}$$

$$\bar{\varphi}_3\left[(\sqrt{p}+\gamma)^2\right] = \frac{1}{a^2}\sum_{n=0}^{\infty}\exp\left\{-\frac{2l_0\gamma}{a}(n+1)^2 - \frac{x'}{a}2\gamma(n+1) - \frac{(2n+1)\,l_0 + x'}{a}\sqrt{p}\right\} -$$
$$- \frac{1}{a^2}\sum_{n=0}^{\infty}\exp\left\{-\frac{2l_0\gamma}{a}(n+1)^2 - \frac{(2n+1)\,l_0 - x'}{a}\sqrt{p} + \frac{x'}{a}2\gamma(n+1)\right\}. \tag{53}$$

Представим в (37) вместо $\bar{\varphi}_1(p)$ и $\bar{\varphi}_3\left[(\sqrt{p}+\gamma)^2\right]$ их значения (52) и (53) и, переходя из пространства изображений в пространство оригиналов, находим функцию $q(x, x', t', \tau)$ и затем с учетом (10) после ряда преобразований искомую функцию Грина $G(x, x', t, \tau)$:

$$G(x, x', t, \tau) = \frac{1}{2a\sqrt{\pi(t-\tau)}}\sum_{n=-\infty}^{n=+\infty}\exp\left(-\frac{2l_0\gamma}{a}n^2 - \frac{x'}{a}2\gamma n\right) \times$$
$$\times\left\{\exp\left[-\frac{(2l_0n + x' - x)^2}{4a^2(t-\tau)}\right] - \exp\left[-\frac{(2l_0n + x' + x)^2}{4a^2(t-\tau)}\right]\right\}, \tag{54}$$

где $l_0 = l + v\tau$, $\gamma = v/2a$. Исследуя полученное выражение, объединим экспоненты, содержащие в показателе множитель n^2. Тогда под знаком ряда появится множитель $\exp\left[-l_0n^2(l + vt)/a^2(t-\tau)\right]$. Отсюда следует, что ряд (54) сходится и для отрицательных значений v, если $\tau < t < -l/v$. Но при $t = -l/v$ $(v < 0)$ заданная область исчезает. Следовательно, *решение* (54) *имеет силу для любых значений* v.

Нетрудно убедиться, что ряд (54) сходится равномерно относительно $l \geqq 0$, и в силу этого возможен предельный переход по l под знаком суммы. Отсюда *из* (54) *при* $l \to 0$ *можно получить функцию* Грина *первой краевой задачи для весьма важной для приложений области* $(0, vt)$, $t > 0$

$$G(x, x', t, \tau) = \frac{1}{2a\sqrt{\pi(t-\tau)}}\sum_{n=-\infty}^{n=+\infty}\exp\left(-\frac{2v\tau\gamma}{a}n^2 - \frac{x'}{a}2\gamma n\right) \times$$
$$\times\left\{\exp\left[-\frac{(2v\tau n + x' - x)^2}{4a^2(t-\tau)}\right] - \exp\left[-\frac{(2v\tau n + x' + x)^2}{4a^2(t-\tau)}\right]\right\}. \tag{55}$$

Следует далее заметить, что *для областей с движущимися границами наблюдается существование точек постоянной температуры для разчичных моментов времени, начиная с определенных значений скорости движущейся границы.* На рис. 1 приведены кривые относительной температуры $W(z, F_0) = [T(x, t) - T_c]/(T_0 - T_c)$ стержня

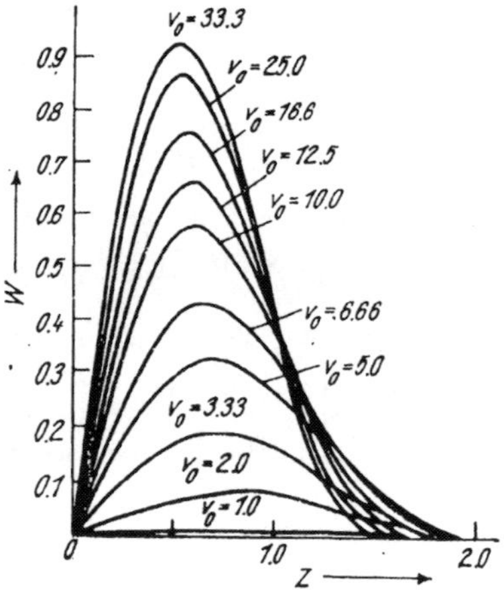

Рис. 1 Распределение относительной температуры $W(z, F_0)$ стержня $0 \leqq z \leqq 1 + v_0F_0$, достигшего длины $z = 2$

$0 \leqq z \leqq 1 + v_0F_0$, достигшего длины $z = 2$, T_0 — начальная температура области $x \in [0, l + vt]$, T_c — температура торцов, рассчитанная по формуле (20) в безразмерных переменных $z = x/l$; $v_0 = vl/a^2$; $F_0 = a^2t/l^2$

$$W(z, F_0) = \int_0^1 G(z, \xi, F_0, \tau_0)|_{\tau_0=0}\,d\xi\,.$$

Здесь: $G(z, \xi, F_0, \tau_0)$ — функция Грина (54). Как следует из рисунка, начиная со значений $v_0 \geqq 6{,}66$; $F_0 \leqq 0{,}15$, сечение $z = I$, соответствующее исходной области $z \in [0, 1]$ (точка А) в начальный момент времени $F_0 = 0$, имеет постоянную относительную температуру $W(1, F_0) = 0{,}38$. Наличие указанной точки может быть использовано для определения теплофизических параметров материала при соответствующем эксперименте.

Выражение (54) *дает возможность записать функцию* Грина I *краевой задачи для центрально-симметрических областей с равномерно движущимися границами.* Действительно, пусть $G(r, r_0, t, \tau)$ есть решение задачи:

$$\frac{\partial G}{\partial t} = a^2\left(\frac{\partial^2 G}{\partial r^2} + \frac{2}{r}\frac{\partial G}{\partial r}\right), \quad 0 \leqq r < R + vt\,, \quad t > \tau\,,$$

$$G(r, r_0, t, \tau)|_{t=\tau} = \frac{1}{4\pi r^2}\delta(r - r_0)\,, \quad 0 \leqq r < R + v\tau\,, \quad G|_{r=R+vt} = 0\,, \quad t > \tau\,,$$

$$|G(r, r_0, t, \tau)| < +\infty\,, \quad r \geqq 0\,. \tag{56}$$

В специальном решении этой задачи нет необходимости, так как можно воспользоваться имеющимися результатами. Для этого с помощью подстановки $W = rG$ перейдем к задаче

$$\frac{\partial W}{\partial t'} = a^2 \frac{\partial^2 W}{\partial r^2}\,, \quad 0 \leqq r < R_0 + vt'\,, \quad (t' = t - \tau,\ R_0 = R + v\tau)$$

$$W|_{t'=0} = \frac{1}{4\pi r}\,\delta(r - r_0)\,; \quad W|_{r=0} = W|_{r=R_0+vt'} = 0\,. \tag{57}$$

Задачу (57) можно рассматривать как I краевую задачу для области $[0, R_0 + vt']$, $t' > 0$ в декартовой системе координат (r, t'). Но для этого случая мы построили функцию Грина в виде выражения (54) (при соответствующем изменении обозначения переменных). Используя далее интегральную формулу (20), окончательно найдем

$$G(r, r_0, t, \tau) = \frac{1}{8\pi r r_0 a\sqrt{\pi(t-\tau)}} \sum_{n=-\infty}^{n=+\infty} \exp\left(-\frac{R_0 v}{a^2}n^2 - \frac{r_0 v}{a^2}n\right) \times$$
$$\times \sum_{k=1}^{2} (-1)^{k+1} \exp\left[-\frac{(2R_0 n + r_0 + (-1)^k r)^2}{4a^2(t-\tau)}\right]. \tag{58}$$

Аналогичным образом могут быть рассмотрены граничные условия условия II и III родов, для которых специфические особенности метода заключаются лишь в решении конечно-разностного уравнения и перехода к оригиналу. Для полуограниченной области $[l + vt, \infty]$, $t > 0$ достаточно использовать потенциал (34′) при граничных условиях любого рода. Для этой области преимущество изложенного подхода по сравнению с [10—11], [16] проявляется особенно наглядно. Получаемые при этом решения имеют аналитическую форму, не известную ранее. Так, например, для $T(x, t)$, удовлетворяющей условиям:

$$\frac{\partial T}{\partial t} = a^2 \frac{\partial^2 T}{\partial x^2}\,, \quad x > l + vt\,, \quad t > 0\,,$$

$$T(x, 0) = 0\,, \quad x \geqq l\,; \quad \left.\frac{\partial T(x, t)}{\partial x}\right|_{x=l+vt} = h[T(x, t)|_{x=l+vt} - \varphi(t)]\,,$$

$$|T(x, t)| < +\infty\,, \quad x \geqq l\,,$$

находим:

$$T(x, t) = \frac{ah}{\sqrt{\pi}} \int_0^t \frac{\varphi(\tau)}{\sqrt{t-\tau}} \exp\left[-\frac{(x - l - v\tau)^2}{4a^2(t-\tau)}\right] d\tau -$$
$$- ha\left(ha + \frac{v}{2a}\right) \int_0^t \varphi(\tau)\, \Phi^*\left(\frac{x - l - v\tau}{2a\sqrt{t-\tau}} + ha\sqrt{t-\tau}\right) \exp\left[(x - l - v\tau)\, h + a^2 h^2 (t-\tau)\right] d\tau\,. \tag{59}$$

Здесь:

$$\Phi^*(z) = 1 - \Phi(z)\,; \quad \Phi(z) = \frac{2}{\sqrt{\pi}} \int_0^z \exp(-u^2)\, du\,.$$

При $(1/h) \to 0$ находим для первой краевой задачи:

$$T(x, t) = \frac{1}{2a\sqrt{\pi}} \int_0^t \frac{x - (l + vt)}{(t-\tau)^{3/2}}\, \varphi(\tau) \exp\left[-\frac{(x - l - v\tau)^2}{4a^2(t-\tau)}\right] d\tau\,. \tag{60}$$

При $v = 0$ из (59) и (60) получаем известные решения [12].

Литература

1 Любов, Б. Я., Кинетическая теория фазовых превращений, Изд-во „Металлургия“, Москва 1969.
2 Любов, Б. Я., Теория кристаллизации в больших объемах, Изд-во „Наука“, Москва 1975.
3 Карташов, Э. М., К определению кинематики трещины, растущей в хрупких телах при их разрушении в поверхностно активной среде, Физ. хим. мех. материалов **8**, № 6 (1972).
4 Карташов, Э. М.; Шефтер, Э. М., Об одной динамической задаче термоупругости в области с движущейся границей, Изв. АНСССР, МТТ **1973**, № 2.

5 Gibson, R. E., A heat conduction problem involving a specified moving boundary, Quart. Appl. Math. **16**, N 4, 426–430 (1959); A one-dimensional consolidation problem with a moving boundary, Quart. Appl. Math., **18**, N 2 123–129 (1960).
6 Katz, Sylvan, О задаче с движущейся границей, J. Math. Phys. **2**, № 1, 149–150 (1961).
7 Вентцель, Т. Д., Об одной задаче со свободной границей для уравнения теплопроводности, ДАН СССР **131**, № 5, 1000–1003 (1960).
8 Кажихов, А. В., Некоторые автомодельные задачи нестационарной фильтрации и их численное решение, В сб. ,,Динамика сплошной среды'', изд. ,,Наука'', Москва 1969, вып. I
9 Карташов, Э. М., Любов, Б. Я., Аналитические методы решения краевых задач уравнения теплопроводности в области с движущимися границами, Изв. АН СССР, серия ,,Энергетика и Транспорт'' **1974**, № 6, 83—111.
10 Любов, Б. Я., Решение нестационарной одномерной задачи теплопроводности для областей с равномерно движущейся границей, ДАН СССР **57**, № 6, 551–554 (1947).
11 Квальвассер, В. И., Рутнер, Я. Ф., Функции Грина краевых задач уравнения теплопроводности для областей с равномерно движущимися границами, Инж. физ. журнал **8**, 479–484, № 4, (1965).
12 Карслоу, Г., Егер, Д., Теплопроводность твердых тел, Изд-во ,,Наука'', Москва 1964
13 Самарский, А. А., Уравнения теплопроводности с разрывными коэффициентами, ДАН СССР 121, № 2, 225–228 (1958).
14 Камынин, Л. И., Метод тепловых потенциалов для параболического уравнения с разрывными коэффициентами, Сибир. матем. журнал **4**. № 5, 1071—1105 (1963).
15 Карташов, Э. М.; Бартенев, Г. М., Построение функций Грина обобщенных краевых задач уравнения теплопроводности методом интегральных уравнений, Изв. ВУЗов, Физика, № 2, 70–82 (1969).
16 Квальвассер, В. И.; Рутнер, Я. Ф., Метод нахождения функции Грина краевых задач уравнения теплопроводности для отрезка прямой с равномерно движущимися границами, ДАН СССР **156**, № 6, 1273—1276 (1964).

Eingereicht: 8. 9. 1976, revidierte Fassung: 25. 1. 1977

Anschriften: др. Карташов Э. М., др. Нечаев В. М., Текстильный ин-т, 117071 Москва В-71, Мал. Калужкая, д. 1, СССР

ZAMM 58, 209 – 224 (1978)

L. JENTSCH

Die Greensche Matrix für zwei aneinander reibungsfrei gleitende elastische Halbräume mit verschiedenen Laméschen Moduln

Es wird der Greensche Tensor für zwei elastische Halbräume (mit verschiedenen Laméschen Moduln), die sich berühren und reibungsfrei gegeneinander gleiten können, berechnet. Für den regulären Teil des Tensors wird ein geeigneter Potentialansatz gemacht und die Dichten dieser Potentiale aus einem singulären Integralgleichungssystem durch Fourier-Transformation ermittelt. Als Grenzfälle ergeben sich die elastostatischen Greenschen Tensoren 2. und 3. Art für den Halbraum. Mit Hilfe des Greenschen Tensors lassen sich gewisse Wärmespannungsprobleme explizit lösen; als Beispiel wird eine in einem der beiden Halbräume eingeschlossene wärmeisolierte Kugel betrachtet, die um eine konstante Temperatur erwärmt wird.

Green's tensor for two elastic half-spaces with different moduli, which have contact and may slide together without friction, is calculated. The regular part of the tensor is the sum of proper potentials, the densities of these potentials satisfie systems of singular integral equations, which are solved by Fourier-transformation. In the limit we get the elastostatic Green's tensors of second and third kind for the half-space. With the aid of Green's tensor it is possible to solve some problems of thermoelasticity explicitly, as an example there is considered a thermal isolated sphere enclosed in one of the two half-spaces.

Вычисляется тензор Грина для двух упругих полупространств с различными модулями Ляме, которые касаясь друг друга могут скользить без трения. Регулярная часть тензора определяется посредством потенциалов, плотности которых вычисляются из системы сингулярных интегральных уравнений при помощи преобразования Фурье. Оказывается, что эластостатические тензора второго и третьего рода для полупространства являются предельными случаями. С помощью этого тензора Грина можно явно решить некоторые проблемы термоупругих напряжений. Как пример рассматривается тепло изолированный шар, который включен в одно из двух полупространств и нагревается на постоянную температуру.

1. Einleitung

In [6], Kapitel 7, wurde die GREENsche Matrix für zwei aneinandergrenzende elastische Halbräume mit verschiedenen LAMÉschen Moduln berechnet, wenn beide Halbräume fest miteinander verbunden sind. Dies entspricht der Kontaktbedingung (oder auch Kopplungsbedingung), daß der Verschiebungs- und Normalspannungsvektor durch die Trennebene $x_3 = 0$ zwischen beiden Halbräumen stetig hindurchgehen. Mit der Kenntnis der GREENschen Matrix sind alle Wärmespannungsprobleme für gekoppelte Halbräume in Quadraturen lösbar, in [6] konnte für eine Klasse solcher Probleme mit unstetigem Temperaturfeld sogar eine geschlossene Lösung angegeben werden.

In dieser Arbeit betrachten wir Wärmespannunsprobleme für zwei aneinandergrenzende Halbräume, die reibungsfrei gegeneinander gleiten können. Die entsprechende GREENsche Matrix wird explizit berechnet. Für die Spalten der gesuchten GREENschen Matrix wird gemäß der in [7] entwickelten allgemeinen Theorie ein Potentialansatz gemacht und die Dichten der Potentiale aus einem singulären Integralgleichungssystem mittels FOURIER-Transformation berechnet. Analog wie in [6] kann man einen Eindeutigkeitssatz mit sehr schwachen Voraussetzungen über das Verhalten im Unendlichen beweisen und gewisse Wärmespannungsprobleme geschlossen lösen. Als Beispiel wird das Verschiebungsfeld berechnet, wenn sich eine in einem der beiden Halbräume eingeschlossene Kugel aus gleichem Material um eine konstante Temperatur erwärmt.

Macht man den Halbraum $x_3 < 0$ „starr", d. h. läßt man den Elastizitätsmodul E_1 gegen Unendlich gehen, dann erhält man für $x_3 > 0$ die GREENsche Matrix 3. Art für den Halbraum. Sie erfüllt die Randbedingung, daß die Normalkomponente des Verschiebungsvektors und die tangentielle Komponente des Normalspannungsvektors Null sind. Macht man dagegen den Halbraum $x_3 < 0$ „weich", d. h. $E_1 \to 0$, dann erhält man für $x_3 > 0$ die in [5] berechnete GREENsche Matrix 2. Art für den Halbraum, die durch das Verschwinden der Normalspannung auf der Ebene $x_3 = 0$ charakterisiert ist.

2. Das Problem $G(\boldsymbol{F}, \Theta; \boldsymbol{h}^-, \boldsymbol{h}^+, \boldsymbol{k}, \boldsymbol{g})$

Wir betrachten die elastischen Halbräume $H_0 = \{P(x_1, x_2, x_3) \colon x_3 > 0\}$ und $H_1 = \{P(x_1, x_2, x_3) : x_3 < 0\}$ mit den LAMÉschen Moduln λ_i, μ_i und den Wärmeausdehnungskoeffizienten α_i $(i = 0, 1)$, die durch die Ebene $S = \{P(x_1, x_2, x_3) : x_3 = 0\}$ getrennt werden. Gegeben sind ein Temperaturfeld Θ und Volumenkräfte $\boldsymbol{F}$, die längs S und längs geschlossener Flächen $S_i^j \subset H_i$, $i = 0, 1$; $j = 1, \dots, p_i$, unstetig sein können. Die von den Flächen S_i^j berandeten Gebiete bezeichnen wir mit D_i^j $(D_i^j \cap D_i^s = \emptyset$ für $j \neq s)$, weiter sei $D_i^0 = H_i - \left(\sum_{j=1}^{p_i} D_i^j + \sum_{j=1}^{p_i} S_i^j\right)$. Der Normaleneinheitsvektor $\boldsymbol{n} = (n_1, n_2, n_3)^T$ zeige auf den Flächen S_i^j von D_i^j („+"-Seite) nach D_i^0 („−"-Seite) und auf S von H_1 („+"-Seite) nach H_0 („−"-Seite). Es bezeichne $\{.\}^+$, $\{.\}^-$ den Grenzwert des in der Klammer stehenden Ausdrucks längs der Normalen von der „+"-Seite bzw. „−"-Seite her. Beachte, daß auf der Ebene S gilt $\{.\}^+ = \lim_{x_3 \to -0} \{.\}$, $\{.\}^- = \lim_{x_3 \to +0} \{.\}$.

Die dem Verschiebungsfeld $\boldsymbol{u}$ zugeordnete Spannung auf ein Flächenelement mit der äußeren Normalen $\boldsymbol{n}$ ist für ein Material mit den Moduln λ_i, μ_i, α_i gleich

$$\underset{(i)}{\tilde{\mathcal{T}}}(\boldsymbol{n})\, \boldsymbol{u} = \underset{(i)}{\mathcal{T}}(\boldsymbol{n})\, \boldsymbol{u} - (2\mu_i + 3\lambda_i)\, \alpha_i \Theta \boldsymbol{n}$$

mit

$$\underset{(i)}{\mathcal{T}}(\boldsymbol{n})\,\boldsymbol{u} = 2\mu_i \frac{\partial \boldsymbol{u}}{\partial n} + \lambda_i \boldsymbol{n} \operatorname{div} \boldsymbol{u} + \mu_i[\boldsymbol{n} \times \operatorname{rot} \boldsymbol{u}]\,.$$

Die Komponenten eines Vektors $\boldsymbol{v}$ in Richtung $\boldsymbol{n}$ und die zu $\boldsymbol{n}$ senkrechte Richtung bezeichnen wir mit

$$\boldsymbol{v}_n = (\boldsymbol{v} \cdot \boldsymbol{n})\,\boldsymbol{n}, \qquad \boldsymbol{v}_t = \boldsymbol{v} - (\boldsymbol{v} \cdot \boldsymbol{n})\,\boldsymbol{n}\,.$$

Mit Hilfe der dreireihigen Matrizen $\mathcal{E}^n(\boldsymbol{n})$, $\mathcal{E}^t(\boldsymbol{n})$ mit den Elementen

$$\mathcal{E}^n_{kj}(\boldsymbol{n}) = n_k n_j\,, \qquad \mathcal{E}^t_{kj}(\boldsymbol{n}) = \delta_{kj} - n_k n_j$$

kann man schreiben

$$\boldsymbol{v}_n = \mathcal{E}^n(\boldsymbol{n})\,\boldsymbol{v}, \qquad \boldsymbol{v}_t = \mathcal{E}^t(\boldsymbol{n})\,\boldsymbol{v}\,.$$

Wir setzen

$$\mathcal{T}^n(\boldsymbol{n})\,\boldsymbol{u} := \big(\mathcal{T}(\boldsymbol{n})\,\boldsymbol{u}\big)_n, \qquad \mathcal{T}^t(\boldsymbol{n})\,\boldsymbol{u} := \big(\mathcal{T}(\boldsymbol{n})\,\boldsymbol{u}\big)_t$$

und analog für $\tilde{\mathcal{T}}$.

Definition 2.1: Ein Vektorfeld $\boldsymbol{u} = (u_1, u_2, u_3)^T$ soll *regulär* heißen, wenn für die Einschränkung von $\boldsymbol{u}$ auf D_i^j gilt

$$u_k \subset C^0(\overline{D}_i^j) \cap C^1(\overline{D}_i^j) \cap C^2(D_i^j),\ i = 0, 1\,;\ j = 0, \ldots, p_i,\ k = 1, 2, 3$$

und $\boldsymbol{u}$ im Unendlichen folgendes Verhalten zeigt:
Es gibt nichtnegative Funktionen $f_1(t)$, $f_2(t)$ mit $\lim\limits_{t\to\infty} f_1(t) = 0$, $\lim\limits_{t\to\infty} f_2(t) = 0$, so daß gilt

$$|u_k(P)| \leqq f_1(r_{0P}), \quad |u_{k,j}(P)| \leqq r_{0P}^{-1} f_2(r_{0P}) \left(r_{0P} = \left(\sum_{i=1}^{3} x_i^2\right)^{1/2},\ u_{k,j} = \frac{\partial u_k}{\partial x_j}\right).$$

Wir formulieren nun das Problem $G(\boldsymbol{F}, \Theta; \boldsymbol{h}^-, \boldsymbol{h}^+, k, g)$: Gesucht ist ein reguläres Vektorfeld $\boldsymbol{u}$, das

1. dem Differentialgleichungssystem

$$\underset{(i)}{\mathcal{A}}\boldsymbol{u} := \mu_i \Delta \boldsymbol{u} + (\lambda_i + \mu_i) \operatorname{grad} \operatorname{div} \boldsymbol{u} = -\boldsymbol{F} + (2\mu_i + 3\lambda_i)\,\alpha_i \operatorname{grad} \Theta \tag{2.1}$$

in $H_i - \sum\limits_{j=1}^{p_i} S_i^j$, $i = 0, 1$, genügt,

2. auf S die Kontaktbedingungen

$$\Big\{\underset{(0)}{\tilde{\mathcal{T}}^t}(\boldsymbol{n})\,\boldsymbol{u}\Big\}^- = \boldsymbol{h}^-, \quad \Big\{\underset{(1)}{\tilde{\mathcal{T}}^t}(\boldsymbol{n})\,\boldsymbol{u}\Big\}^+ = \boldsymbol{h}^+\,, \tag{2.2a, b}$$

$$\Big\{\underset{(1)}{\tilde{\mathcal{T}}}(\boldsymbol{n})\,\boldsymbol{u} \cdot \boldsymbol{n}\Big\}^+ - \Big\{\underset{(0)}{\tilde{\mathcal{T}}}(\boldsymbol{n})\,\boldsymbol{u} \cdot \boldsymbol{n}\Big\}^- = k\,, \tag{2.2c}$$

$$(\{\boldsymbol{u}\}^+ - \{\boldsymbol{u}\}^-) \cdot \boldsymbol{n} = g \tag{2.2d}$$

und

3. auf S_i^j die Kontaktbedingungen

$$\{\boldsymbol{u}\}^+ = \{\boldsymbol{u}\}^-, \quad \Big\{\underset{(i)}{\tilde{\mathcal{T}}}(\boldsymbol{n})\,\boldsymbol{u}\Big\}^+ = \Big\{\underset{(i)}{\tilde{\mathcal{T}}}(\boldsymbol{n})\,\boldsymbol{u}\Big\}^- \tag{2.3}$$

erfüllt.

Ist $\boldsymbol{h}^- = \boldsymbol{h}^+ = 0$, $k = g = 0$, dann entspricht die Kontaktbedingung (2.2) dem Fall, daß beide Halbräume reibungsfrei gegeneinander gleiten können, ohne sich voneinander abzuheben.

3. Die Greensche Matrix für das Problem $G(\boldsymbol{F}, \Theta; \boldsymbol{h}^-, \boldsymbol{h}^+, k, g)$

Definition 3.1: Unter der *Greenschen Matrix* $\mathsf{G}(P, Q)$ für das Problem G verstehen wir folgende dreireihige Matrix:

$$\mathsf{G}(P, Q) = \begin{cases} \underset{(0)}{\Gamma}(P, Q) + \mathsf{V}(P, Q) & \text{für} \quad Q \in H_0,\ P \in H_0\,, \\ \mathsf{V}(P, Q) & \text{für} \quad Q \in H_0,\ P \in H_1\,, \\ \mathsf{V}(P, Q) & \text{für} \quad Q \in H_1,\ P \in H_0\,, \\ \underset{(1)}{\Gamma}(P, Q) + \mathsf{V}(P, Q) & \text{für} \quad Q \in H_1,\ P \in H_1\,. \end{cases}$$

Dabei ist $\underset{(i)}{\Gamma}(P, Q)$ die SOMIGLIANAsche Grundlösungsmatrix des Operators $\underset{(i)}{\mathcal{A}}$. Die Spalten $\mathsf{V}^{(k)}(P, Q)$ von $\mathsf{V}(P, Q)$ sind bezüglich P reguläre Lösungen des Problems $G(0, 0; \boldsymbol{h}^-, \boldsymbol{h}^+, k, g)$, wobei $\boldsymbol{h}^-, \boldsymbol{h}^+, k, g$ so zu wählen sind, daß bezüglich P gilt

$$\Big\{\underset{(0)}{\mathcal{T}^t}(\boldsymbol{n})\,\mathsf{G}^{(k)}(P, Q)\Big\}^- = 0\,, \qquad \Big\{\underset{(1)}{\mathcal{T}^t}(\boldsymbol{n})\,\mathsf{G}^{(k)}(P, Q)\Big\}^+ = 0\,, \tag{3.1a, b}$$

$$\Big\{\underset{(1)}{\mathcal{T}}(\boldsymbol{n})\,\mathsf{G}^{(k)}(P, Q) \cdot \boldsymbol{n}\Big\}^+ - \Big\{\underset{(0)}{\mathcal{T}}(\boldsymbol{n})\,\mathsf{G}^{(k)}(P, Q) \cdot \boldsymbol{n}\Big\}^- = 0\,, \tag{3.1c}$$

$$\big(\{\mathsf{G}^{(k)}(P, Q)\}^+ - \{\mathsf{G}^{(k)}(P, Q)\}^-\big) \cdot \boldsymbol{n} = 0\,. \tag{3.1d}$$

Bemerkung: Wegen $\boldsymbol{F} = \boldsymbol{0}$, $\Theta = 0$ und (2.3) gilt $\mathsf{V}(P, Q) \subset C^\infty(H_i)$, $i = 0, 1$.
Die Elemente von $\underset{(i)}{\Gamma}(P, Q)$ sind

$$\underset{(i)}{\Gamma_{kj}}(P, Q) = \frac{1}{2\mu_i(\lambda_i + 2\mu_i)} \left[(\lambda_i + \mu_i) \frac{(x_k - \xi_k)(x_j - \xi_j)}{r_{PQ}^2} + (\lambda_i + 3\mu_i)\,\delta_{kj}\right] \frac{1}{r_{PQ}} \tag{3.2}$$

$$\left(P = (x_1, x_2, x_3),\ Q = (\xi_1, \xi_2, \xi_3),\ r_{PQ} = \left(\sum_{i=1}^{3} (x_i - \xi_i)^2\right)^{1/2}\right).$$

Wir betrachten die Potentialfunktionen

$$U^\pm(x_1, x_2, x_3;\ \xi_1, \xi_2, \xi_3) = \\ = (x_3 \pm \xi_3) \ln \left(x_3 \pm \xi_3 + \sqrt{(x_1 - \xi_1)^2 + (x_2 - \xi_2)^2 + (x_3 \pm \xi_3{}^2)}\right) - \sqrt{(x_1 - \xi_1)^2 + (x_2 - \xi_2)^2 + (x_3 \pm \xi_3)^2}\,. \tag{3.3}$$

Es gilt

$$\frac{\partial^2 U^\pm}{\partial x_1^2} + \frac{\partial^2 U^\pm}{\partial x_2^2} + \frac{\partial^2 U^\pm}{\partial x_3^2} = \frac{\partial^2 U^\pm}{\partial \xi_1^2} + \frac{\partial^2 U^\pm}{\partial \xi_2^2} + \frac{\partial^2 U^\pm}{\partial \xi_3^2} = 0 \tag{3.4}$$

und

$$\frac{\partial^2 U^\pm}{\partial x_3^2} = \frac{\partial^2 U^\pm}{\partial \xi_3^2} = \frac{1}{\sqrt{(x_1 - \xi_1)^2 + (x_2 - \xi_2)^2 + (x_3 \pm \xi_3)^2}}. \tag{3.5}$$

Mit Hilfe der Funktion U^- kann man $\underset{(i)}{\Gamma}(P, Q)$ wie folgt schreiben:

$$\underset{(i)}{\Gamma}(P, Q) = \frac{1}{\mu_i}\begin{pmatrix} 1 & 0 & 0 \\ 0 & 1 & 0 \\ 0 & 0 & 1 \end{pmatrix} \frac{\partial^2 U^-}{\partial x_3^2} + \frac{\lambda_i + \mu_i}{2\mu_i(\lambda_i + 2\mu_i)} \begin{pmatrix} \frac{\partial^2 U^-}{\partial x_1^2} & \frac{\partial^2 U^-}{\partial x_1\,\partial x_2} & 0 \\ \frac{\partial^2 U^-}{\partial x_1\,\partial x_2} & \frac{\partial^2 U^-}{\partial x_2^2} & 0 \\ 0 & 0 & -\frac{\partial^2 U^-}{\partial x_3^2} \end{pmatrix} - \\ - \frac{(\lambda_i + \mu_i)}{2\mu_i(\lambda_i + 2\mu_i)} (x_3 - \xi_3) \begin{pmatrix} \frac{\partial^3 U^-}{\partial x_1^2\,\partial x_3} & \frac{\partial^3 U^-}{\partial x_1\,\partial x_2\,\partial x_3} & \frac{\partial^3 U^-}{\partial x_1\,\partial x_3^2} \\ \frac{\partial^3 U^-}{\partial x_1\,\partial x_2\,\partial x_3} & \frac{\partial^3 U^-}{\partial x_2^2\,\partial x_3} & \frac{\partial^3 U^-}{\partial x_2\,\partial x_3^2} \\ \frac{\partial^3 U^-}{\partial x_1\,\partial x_3^2} & \frac{\partial^3 U^-}{\partial x_2\,\partial x_3^2} & \frac{\partial^3 U^-}{\partial x_3^3} \end{pmatrix}. \tag{3.6}$$

Es läßt sich $\mathsf{G}(P, Q)$ physikalisch so deuten: Die k-te Spalte $\mathsf{G}^{(k)}(P, Q)$ ist das Verschiebungsfeld an der Stelle P, wenn in Q eine Einzelkraft in x_k-Richtung wirkt und die beiden Halbräume reibungsfrei gleitend gekoppelt sind.

Auf Grund dieser physikalischen Deutung kann man $\mathsf{G}(P, Q)$ für $Q \in H_1$ ohne Mühe aufschreiben, wenn man $\mathsf{G}(P, Q)$ für $Q \in H_0$ kennt. Wir nehmen also jetzt an $Q \in H_0$, d. h. $\xi_3 > 0$. Dann ist nach Definition 3.1 $\mathsf{V}^{(k)}(P, Q)$ reguläre Lösung des Problems

$$G(0, 0;\ -\underset{(0)}{\mathcal{T}^t}(\boldsymbol{n}_{Q_0}) \underset{(0)}{\Gamma^{(k)}}(Q_0, Q),\ \boldsymbol{0},\ \underset{(0)}{\mathcal{T}}(\boldsymbol{n}_{Q_0}) \underset{(0)}{\Gamma^{(k)}}(Q_0, Q) \cdot \boldsymbol{n}_{Q_0},\ \underset{(0)}{\Gamma^{(k)}}(Q_0, Q) \cdot \boldsymbol{n}_{Q_0}).$$

Gemäß der allgemeinen Theorie machen wir den Lösungsansatz (vgl. [7], (5.1))

$$\mathsf{V}^{(k)}(P, Q) = \underset{(0)}{\boldsymbol{V}^t}(P, \boldsymbol{\varphi}^{-(k)}) + \underset{(0)}{\boldsymbol{V}^n}(P, d^{(k)}\boldsymbol{n}) + \underset{(0)}{\boldsymbol{W}^n}(P, f^{(k)}\boldsymbol{n}) \quad \text{für} \quad P \in H_0\,, \tag{3.7a}$$

$$\mathsf{V}^{(k)}(P, Q) = \underset{(1)}{\boldsymbol{V}^t}(P, \boldsymbol{\varphi}^{+(k)}) + \underset{(1)}{\boldsymbol{V}^n}(P, d^{(k)}\boldsymbol{n}) + B_1 \underset{(1)}{\boldsymbol{W}^n}(P, f^{(k)}\boldsymbol{n}) \quad \text{für} \quad P \in H_1 \tag{3.7b}$$

mit

$$B_1 = \frac{\mu_0(\lambda_0 + \mu_0)(\lambda_1 + 2\mu_1)}{(\lambda_0 + 2\mu_0)\,\mu_1(\lambda_1 + \mu_1)}. \tag{3.8}$$

Dabei ist (vgl. [7], (4.4), (4.5), (4.6))

$$\underset{(i)}{\boldsymbol{W}^n}(P, \boldsymbol{\varphi}) = \frac{1}{2\pi} \int\!\!\int_{-\infty}^{+\infty} \underset{(i)}{\mathcal{T}^n}(\boldsymbol{n}_E)\, \underset{(i)}{\Gamma}(P, E)\, \boldsymbol{\varphi}(E)\, \mathrm{d}\eta_1\, \mathrm{d}\eta_2\,, \tag{3.9}$$

$$\underset{(i)}{\boldsymbol{V}^t}(P, \boldsymbol{\varphi}) = \frac{1}{2\pi} \int\!\!\int_{-\infty}^{+\infty} \mathcal{E}^t(\boldsymbol{n}_E)\, \underset{(i)}{\Gamma}(P, E)\, \boldsymbol{\varphi}(E)\, \mathrm{d}\eta_1\, \mathrm{d}\eta_2\,, \tag{3.10}$$

$$\underset{(i)}{\boldsymbol{V}^n}(P, \boldsymbol{\varphi}) = \frac{1}{2\pi} \int\!\!\int_{-\infty}^{+\infty} \mathcal{E}^n(\boldsymbol{n}_E)\, \underset{(i)}{\Gamma}(P, E)\, \boldsymbol{\varphi}(E)\, \mathrm{d}\eta_1\, \mathrm{d}\eta_2\,, \tag{3.11}$$

$$E = (\eta_1, \eta_2, 0), \quad \boldsymbol{n}_E = (0, 0, 1)^T.$$

Die Dichten genügen dem singulären Integralgleichungssystem (vgl. [7], (5.2))

$$- \varphi^{-(k)}(Q_0) + \frac{1}{2\pi} \iint_{-\infty}^{+\infty} \underset{(0)}{\mathcal{T}^t}(n_{Q_0})\, \underset{(0)}{\mathcal{E}^t}(n_E)\, \Gamma(Q_0, E)\, \varphi^{-(k)}(E)\, d\eta_1\, d\eta_2 +$$
$$+ \frac{1}{2\pi} \iint_{-\infty}^{+\infty} \underset{(0)}{\mathcal{T}^t}(n_{Q_0})\, \underset{(0)}{\Gamma}(Q_0, E)\, n_E d^{(k)}(E)\, d\eta_1\, d\eta_2 +$$
$$+ \frac{1}{2\pi} \iint_{-\infty}^{+\infty} \underset{(0)}{\mathcal{T}^t}(n_{Q_0})\, \underset{(0)}{\mathcal{T}^n}(n_E)\, \underset{(0)}{\Gamma}(Q_0, E)\, n_E f^{(k)}(E)\, d\eta_1\, d\eta_2 = - \underset{(0)}{\mathcal{T}^t}(n_{Q_0})\, \underset{(0)}{\Gamma^{(k)}}(Q_0, Q)\,, \tag{3.12a}$$

$$+ \varphi^{+(k)}(Q_0) + \frac{1}{2\pi} \iint_{-\infty}^{+\infty} \underset{(1)}{\mathcal{T}^t}(n_{Q_0})\, \underset{(1)}{\mathcal{E}^t}(n_E)\, \Gamma(Q_0, E)\, \varphi^{+(k)}(E)\, d\eta_1\, d\eta_2 +$$
$$+ \frac{1}{2\pi} \iint_{-\infty}^{+\infty} \underset{(1)}{\mathcal{T}^t}(n_{Q_0})\, \underset{(1)}{\Gamma}(Q_0, E)\, n_E d^{(k)}(E)\, d\eta_1\, d\eta_2 +$$
$$+ B_1 \frac{1}{2\pi} \iint_{-\infty}^{+\infty} \underset{(1)}{\mathcal{T}^t}(n_{Q_0})\, \underset{(1)}{\mathcal{T}^n}(n_E)\, \underset{(1)}{\Gamma}(Q_0, E)\, n_E f^{(k)}(E)\, d\eta_1\, d\eta_2 = 0\,, \tag{3.12b}$$

$$- \frac{1}{2\pi} \iint_{-\infty}^{+\infty} n_{Q_0} \cdot \underset{(0)}{\mathcal{T}^n}(n_{Q_0})\, \mathcal{E}^t(n_E)\, \underset{(0)}{\Gamma}(Q_0, E)\, \varphi^{-(k)}(E)\, d\eta_1\, d\eta_2 +$$
$$+ \frac{1}{2\pi} \iint_{-\infty}^{+\infty} n_{Q_0} \cdot \underset{(1)}{\mathcal{T}^n}(n_{Q_0})\, \mathcal{E}^t(n_E)\, \underset{(1)}{\Gamma}(Q_0, E)\, \varphi^{+(k)}(E)\, d\eta_1\, d\eta_2 +$$
$$+ 2d^{(k)}(Q_0) + \frac{1}{2\pi} \iint_{-\infty}^{+\infty} n_{Q_0} \cdot \underset{(1)}{\mathcal{T}^n}(n_{Q_0})\, \underset{(1)}{\Gamma}(Q_0, E)\, n_E d^{(k)}(E)\, d\eta_1\, d\eta_2 - \tag{3.12c}$$
$$- \frac{1}{2\pi} \iint_{-\infty}^{+\infty} n_{Q_0} \cdot \underset{(0)}{\mathcal{T}^n}(n_{Q_0})\, \underset{(0)}{\Gamma}(Q_0, E)\, n_E d^{(k)}(E)\, d\eta_1\, d\eta_2$$
$$+ B_1 \frac{1}{2\pi} \iint_{-\infty}^{+\infty} \underset{(1)}{l}(Q_0, E)\, f^{(k)}(E)\, d\eta_1\, d\eta_2 - \frac{1}{2\pi} \iint_{-\infty}^{+\infty} \underset{(0)}{l}(Q_0, E)\, f^{(k)}(E)\, d\eta_1\, d\eta_2 = \underset{(0)}{\mathcal{T}}(n_{Q_0})\, \underset{(0)}{\Gamma^{(k)}}(Q_0, Q) \cdot n_{Q_0}\,,$$

$$- \frac{1}{2\pi} \iint_{-\infty}^{+\infty} n_{Q_0} \cdot \mathcal{E}^t(n_E)\, \underset{(0)}{\Gamma}(Q_0, E)\, \varphi^{-(k)}(E)\, d\eta_1\, d\eta_2 + \frac{1}{2\pi} \iint_{-\infty}^{+\infty} n_{Q_0} \cdot \mathcal{E}^t(n_E)\, \underset{(1)}{\Gamma}(Q_0, E)\, \varphi^{+(k)}(E)\, d\eta_1\, d\eta_2 +$$
$$+ \frac{1}{2\pi} \iint_{-\infty}^{+\infty} n_{Q_0} \cdot \underset{(1)}{\Gamma}(Q_0, E)\, n_E d^{(k)}(E)\, d\eta_1\, d\eta_2 - \frac{1}{2\pi} \iint_{-\infty}^{+\infty} n_{Q_0} \cdot \underset{(0)}{\Gamma}(Q_0, E)\, n_E d^{(k)}(E)\, d\eta_1\, d\eta_2 - \tag{3.12d}$$
$$- (1 + B_1)\, f^{(k)}(Q_0) + B_1 \frac{1}{2\pi} \iint_{-\infty}^{+\infty} n_{Q_0} \cdot \underset{(1)}{\mathcal{T}^n}(n_E)\, \underset{(1)}{\Gamma}(Q_0, E)\, n_E f^{(k)}(E)\, d\eta_1\, d\eta_2$$
$$- \frac{1}{2\pi} \iint_{-\infty}^{+\infty} n_{Q_0} \cdot \underset{(0)}{\mathcal{T}^n}(n_E)\, \underset{(0)}{\Gamma}(Q_0, E)\, n_E f^{(k)}(E)\, d\eta_1\, d\eta_2 = \underset{(0)}{\Gamma^{(k)}}(Q_0, Q) \cdot n_{Q_0}$$

$(Q_0 = (x_1, x_2, 0),\ n_{Q_0} = (0, 0, 1)^T)$.

4. Lösung des singulären Integralgleichungssystems

Es werden folgende Bezeichnungen eingeführt:

$$\begin{pmatrix} \varphi_1^{-(k)} \\ \varphi_2^{-(k)} \\ \varphi_3^{-(k)} \\ \varphi_1^{+(k)} \\ \varphi_2^{+(k)} \\ \varphi_3^{+(k)} \\ d^{(k)} \\ f^{(k)} \end{pmatrix} = \begin{pmatrix} \varphi_{1k} \\ \varphi_{2k} \\ \varphi_{3k} \\ \varphi_{4k} \\ \varphi_{5k} \\ \varphi_{6k} \\ \varphi_{7k} \\ \varphi_{8k} \end{pmatrix},$$

$$\begin{pmatrix}\Phi_{1k}\\ \Phi_{2k}\\ \Phi_{3k}\end{pmatrix} = -\underset{(0)}{\mathcal{T}^t}(\boldsymbol{n}_{Q_0})\underset{(0)}{\Gamma^{(k)}}(Q_0, Q)\,, \quad \begin{pmatrix}\Phi_{4k}\\ \Phi_{5k}\\ \Phi_{6k}\end{pmatrix} = \begin{pmatrix}0\\0\\0\end{pmatrix},$$

$$\Phi_{7k} = \underset{(0)}{\mathcal{T}}(\boldsymbol{n}_{Q_0})\underset{(0)}{\Gamma^{(k)}}(Q_0, Q)\cdot \boldsymbol{n}_{Q_0}\,, \qquad \Phi_{8k} = \underset{(0)}{\Gamma^{(k)}}(Q_0, Q)\cdot \boldsymbol{n}_{Q_0}\,.$$

Die Kerne des Integralgleichungssystems (3.12) sind in [7] berechnet (vgl. [7], (5.5), (5.6), (4.43), (5.7), (5.8), (4.51), (5.9)); auf Grund der speziellen Gestalt von Q_0, E, $\boldsymbol{n}_{Q_0}$, $\boldsymbol{n}_E$ ergeben sich starke Vereinfachungen, so daß man für das System (3.12) erhält:

$$-\varphi_{1k}(x_1, x_2) - \frac{\mu_0}{\lambda_0 + 2\mu_0}\frac{1}{2\pi}\iint\limits_{-\infty}^{+\infty}\frac{x_1 - \eta_1}{\sqrt{(x_1 - \eta_1)^2 + (x_2 - \eta_2)^2}^{\,3}}\varphi_{7k}(\eta_1, \eta_2)\,d\eta_1\,d\eta_2 = \Phi_{1k}\,,$$

$$-\varphi_{2k}(x_1, x_2) - \frac{\mu_0}{\lambda_0 + 2\mu_0}\frac{1}{2\pi}\iint\limits_{-\infty}^{+\infty}\frac{x_2 - \eta_2}{\sqrt{(x_1 - \eta_1)^2 + (x_2 - \eta_2)^2}^{\,3}}\varphi_{7k}(\eta_1, \eta_2)\,d\eta_1\,d\eta_2 = \Phi_{2k}\,,$$

$$\varphi_{3k}(x_1, x_2) = 0\,, \tag{4.1a}$$

$$\varphi_{4k}(x_1, x_2) - \frac{\mu_1}{\lambda_1 + 2\mu_1}\frac{1}{2\pi}\iint\limits_{-\infty}^{+\infty}\frac{x_1 - \eta_1}{\sqrt{(x_1 - \eta_1)^2 + (x_2 - \eta_2)^2}^{\,3}}\varphi_{7k}(\eta_1, \eta_2)\,d\eta_1\,d\eta_2 = 0\,,$$

$$\varphi_{5k}(x_1, x_2) - \frac{\mu_1}{\lambda_1 + 2\mu_1}\frac{1}{2\pi}\iint\limits_{-\infty}^{+\infty}\frac{x_2 - \eta_2}{\sqrt{(x_1 - \eta_1)^2 + (x_2 - \eta_2)^2}^{\,3}}\varphi_{7k}(\eta_1, \eta_2)\,d\eta_1\,d\eta_2 = 0\,,$$

$$\varphi_{6k}(x_1, x_2) = 0\,, \tag{4.1b}$$

$$-\frac{\mu_0}{\lambda_0 + 2\mu_0}\frac{1}{2\pi}\sum_{j=1}^{2}\iint\limits_{-\infty}^{+\infty}\frac{x_j - \eta_j}{\sqrt{(x_1 - \eta_1)^2 + (x_2 - \eta_2)^2}^{\,3}}\varphi_{jk}(\eta_1, \eta_2)\,d\eta_1\,d\eta_2\,,$$

$$+\frac{\mu_1}{\lambda_1 + 2\mu_1}\frac{1}{2\pi}\sum_{j=1}^{2}\iint\limits_{-\infty}^{+\infty}\frac{x_j - \eta_j}{\sqrt{(x_1 - \eta_1)^2 + (x_2 - \eta_2)^2}^{\,3}}\varphi_{j+3,k}(\eta_1, \eta_2)\,d\eta_1\,d\eta_2 + 2\varphi_{7k}(x_1, x_2) = \Phi_{7k}\,, \tag{4.1c}$$

$$\left(\frac{\lambda_1 + 3\mu_1}{2\mu_1(\lambda_1 + 2\mu_1)} - \frac{\lambda_0 + 3\mu_0}{2\mu_0(\lambda_0 + 2\mu_0)}\right)\frac{1}{2\pi}\iint\limits_{-\infty}^{+\infty}\frac{1}{\sqrt{(x_1 - \eta_1)^2 + (x_2 - \eta_2)^2}}\varphi_{7k}(\eta_1, \eta_2)\,d\eta_1, d\eta_2 -$$

$$-(1 + B_1)\,\varphi_{8k}(x_1, x_2) = \Phi_{8k}\,. \tag{4.1d}$$

Für die rechten Seiten gilt:

$$\begin{pmatrix}\Phi_{11} & \Phi_{12} & \Phi_{13}\\ \Phi_{21} & \Phi_{22} & \Phi_{23}\\ \Phi_{31} & \Phi_{32} & \Phi_{33}\end{pmatrix} = \frac{\mu_0}{\lambda_0 + 2\mu_0}\begin{pmatrix}-\xi_3 & 0 & (x_1 - \xi_1)\\ 0 & -\xi_3 & (x_2 - \xi_2)\\ 0 & 0 & 0\end{pmatrix}\frac{1}{\sqrt{(x_1 - \xi_1)^2 + (x_2 - \xi_2)^2 + \xi_3^2}^{\,3}} +$$

$$+\frac{3(\lambda_0 + \mu_0)}{\lambda_0 + 2\mu_0}\begin{pmatrix}-(x_1 - \xi_1)^2 & -(x_1 - \xi_1)(x_2 - \xi_2) & (x_1 - \xi_1)\,\xi_3\\ -(x_1 - \xi_1)(x_2 - \xi_2) & -(x_2 - \xi_2)^2 & (x_2 - \xi_2)\,\xi_3\\ 0 & 0 & 0\end{pmatrix}\cdot\frac{\xi_3}{\sqrt{(x_1 - \xi_1)^2 + (x_2 - \xi_2)^2 + \xi_3^2}^{\,5}}. \tag{4.2}$$

$$\Phi_{7j} = \frac{\mu_0}{\lambda_0 + 2\mu_0}\frac{x_j - \xi_j}{\sqrt{(x_1 - \xi_1)^2 + (x_2 - \xi_2)^2 + \xi_3^2}^{\,3}} - \frac{3(\lambda_0 + \mu_0)}{\lambda_0 + 2\mu_0}\frac{(x_j - \xi_j)\,\xi_3^2}{\sqrt{(x_1 - \xi_1)^2 + (x_2 - \xi_2)^2 + \xi_3^2}^{\,5}} \qquad j = 1, 2\,, \tag{4.3}$$

$$\Phi_{73} = \frac{\mu_0}{\lambda_0 + 2\mu_0}\frac{\xi_3}{\sqrt{(x_1 - \xi_1)^2 + (x_2 - \xi_2)^2 + \xi_3^2}^{\,3}} + \frac{3(\lambda_0 + \mu_0)}{\lambda_0 + 2\mu_0}\frac{\xi_3^3}{\sqrt{(x_1 - \xi_1)^2 + (x_2 - \xi_2)^2 + \xi_3^2}^{\,5}}, \tag{4.4}$$

$$\Phi_{8j} = -\frac{\lambda_0 + \mu_0}{2\mu_0(\lambda_0 + 2\mu_0)}\frac{(x_j - \xi_j)\,\xi_3}{\sqrt{(x_1 - \xi_1)^2 + (x_2 - \xi_2)^2 + \xi_3^2}^{\,3}}, \qquad j = 1, 2\,, \tag{4.5}$$

$$\Phi_{83} = +\frac{\lambda_0 + \mu_0}{2\mu_0(\lambda_0 + 2\mu_0)}\frac{\xi_3^2}{\sqrt{(x_1 - \xi_1)^2 + (x_2 - \xi_2)^2 + \xi_3^2}^{\,3}} + \frac{\lambda_0 + 3\mu_0}{2\mu_0(\lambda_0 + 2\mu_0)}\frac{1}{\sqrt{(x_1 - \xi_1)^2 + (x_2 - \xi_2)^2 + \xi_3^2}}. \tag{4.6}$$

Das System (4.1) geht durch FOURIER-Transformation über in

$$
\begin{aligned}
&- f_{1k} - \frac{\mu_0}{\lambda_0 + 2\mu_0} i \frac{p_1}{\sqrt{p_1^2 + p_2^2}} f_{7k} = F_{1k} , \\
&- f_{2k} - \frac{\mu_0}{\lambda_0 + 2\mu_0} i \frac{p_2}{\sqrt{p_1^2 + p_2^2}} f_{7k} = F_{2k} , \\
&f_{4k} - \frac{\mu_1}{\lambda_1 + 2\mu_1} i \frac{p_1}{\sqrt{p_1^2 + p_2^2}} f_{7k} = 0 , \\
&f_{5k} - \frac{\mu_1}{\lambda_1 + 2\mu_1} i \frac{p_2}{\sqrt{p_1^2 + p_2^2}} f_{7k} = 0 , \\
&- \frac{\mu_0}{\lambda_0 + 2\mu_0} i \sum_{j=1}^{2} \frac{p_j}{\sqrt{p_1^2 + p_2^2}} f_{jk} + \frac{\mu_1}{\lambda_1 + 2\mu_1} i \sum_{j=1}^{2} \frac{p_j}{\sqrt{p_1^2 + p_2^2}} f_{j+3,k} + 2 f_{7k} = F_{7k} , \\
&\left(\frac{\lambda_1 + 3\mu_1}{2\mu_1(\lambda_1 + 2\mu_1)} - \frac{\lambda_0 + 3\mu_0}{2\mu_0(\lambda_0 + 2\mu_0)} \right) \frac{1}{\sqrt{p_1^2 + p_2^2}} f_{7k} - (1 + B_1) f_{8k} = F_{8k} .
\end{aligned}
\tag{4.7}
$$

Dabei ist

$$f_{jk}(p_1, p_2) = \iint_{-\infty}^{+\infty} \varphi_{jk}(x_1, x_2)\, e^{i(p_1 x_1 + p_2 x_2)}\, dx_1\, dx_2 , \tag{4.8}$$

$$\varphi_{jk}(x_1, x_2) = \frac{1}{4\pi^2} \iint_{-\infty}^{+\infty} f_{jk}(p_1, p_2)\, e^{-i(p_1 x_1 + p_2 x_2)}\, dp_1\, dp_2 , \tag{4.9}$$

$$F_{jk} = \iint_{-\infty}^{+\infty} \Phi_{jk}\, e^{i(p_1 x_1 + p_2 x_2)}\, dx_1\, dx_2 . \tag{4.10}$$

Bei der FOURIER-Transformation wurde der Faltungssatz für singuläre Integrale (vgl. [3], S. 99) benutzt, sowie die Integrale

$$\iint_{-\infty}^{+\infty} \frac{t_j}{\sqrt{t_1^2 + t_2^2}^3} e^{i(p_1 t_1 + p_2 t_2)}\, dt_1\, dt_2 = 2\pi i \frac{p_j}{\sqrt{p_1^2 + p_2^2}}, \qquad j = 1, 2 , \tag{4.11}$$

$$\iint_{-\infty}^{+\infty} \frac{1}{\sqrt{t_1^2 + t_2^2}} e^{i(p_1 t_1 + p_2 t_2)}\, dt_1\, dt_2 = 2\pi \frac{1}{\sqrt{p_1^2 + p_2^2}} . \tag{4.12}$$

Zur Berechnung der F_{jk} sowie von $\mathsf{G}(P, Q)$ benötigt man die FOURIER-Integrale (vgl. auch [5])

$$\iint_{-\infty}^{+\infty} \frac{t_j}{\sqrt{t_1^2 + t_2^2 + \xi_3^2}^3} e^{i(p_1 t_1 + p_2 t_2)}\, dt_1\, dt_2 = 2\pi i\, e^{-|\xi_3| \sqrt{p_1^2 + p_2^2}} \frac{p_j}{\sqrt{p_1^2 + p_2^2}}, \qquad j = 1, 2 , \tag{4.13}$$

$$\iint_{-\infty}^{+\infty} \frac{1}{\sqrt{t_1^2 + t_2^2 + \xi_3^2}^3} e^{i(p_1 t_1 + p_2 t_2)}\, dt_1\, dt_2 = 2\pi \frac{1}{|\xi_3|} e^{-|\xi_3| \sqrt{p_1^2 + p_2^2}} , \tag{4.14}$$

$$\iint_{-\infty}^{+\infty} \frac{t_1 t_2}{\sqrt{t_1^2 + t_2^2 + \xi_3^2}^5} e^{i(p_1 t_1 + p_2 t_2)}\, dt_1\, dt_2 = -\frac{2\pi}{3} e^{-|\xi_3| \sqrt{p_1^2 + p_2^2}} \frac{p_1 p_2}{\sqrt{p_1^2 + p_2^2}}, \tag{4.15}$$

$$\iint_{-\infty}^{+\infty} \frac{t_j^2}{\sqrt{t_1^2 + t_2^2 + \xi_3^2}^5} e^{i(p_1 t_1 + p_2 t_2)}\, dt_1\, dt_2 = \frac{2\pi}{3} e^{-|\xi_3| \sqrt{p_1^2 + p_2^2}} \left(\frac{1}{|\xi_3|} - \frac{p_j^2}{\sqrt{p_1^2 + p_2^2}} \right), \qquad j = 1, 2 , \tag{4.16}$$

$$\iint_{-\infty}^{+\infty} \frac{t_j}{\sqrt{t_1^2 + t_2^2 + \xi_3^2}^5} e^{i(p_1 t_1 + p_2 t_2)}\, dt_1\, dt_2 = \frac{2\pi}{3} i\, e^{-|\xi_3| \sqrt{p_1^2 + p_2^2}} \frac{1}{|\xi_3|} p_j , \qquad j = 1, 2 , \tag{4.17}$$

$$\iint_{-\infty}^{+\infty} \frac{1}{\sqrt{t_1^2 + t_2^2 + \xi_3^2}^5} e^{i(p_1 t_1 + p_2 t_2)}\, dt_1\, dt_2 = \frac{2\pi}{3} e^{-|\xi_3| \sqrt{p_1^2 + p_2^2}} \left(\frac{1}{|\xi_3|^3} + \frac{1}{\xi_3^2} \sqrt{p_1^2 + p_2^2} \right), \tag{4.18}$$

$$\iint_{-\infty}^{+\infty} \frac{1}{\sqrt{t_1^2 + t_2^2 + \xi_3^2}} e^{i(p_1 t_1 + p_2 t_2)}\, dt_1\, dt_2 = 2\pi\, e^{-|\xi_3| \sqrt{p_1^2 + p_2^2}} \frac{1}{\sqrt{p_1^2 + p_2^2}}, \tag{4.19}$$

$$\iint\limits_{-\infty}^{+\infty} \frac{t_j^2}{\sqrt{t_1^2+t_2^2+x_3^2}^{\,3}} e^{i(p_1t_1+p_2t_2)}\,dt_1\,dt_2 = 2\pi\, e^{-|x_3|\sqrt{p_1^2+p_2^2}}\left(\frac{1}{\sqrt{p_1^2+p_2^2}} - \frac{|x_3|p_j^2}{p_1^2+p_2^2} - \frac{p_j^2}{\sqrt{p_1^2+p_2^2}^{\,3}}\right), \quad j=1,2, \tag{4.20}$$

$$\iint\limits_{-\infty}^{+\infty} \frac{t_1t_2}{\sqrt{t_1^2+t_2^2+x_3^2}^{\,3}} e^{i(p_1t_1+p_2t_2)}\,dt_1\,dt_2 = -2\pi\, e^{-|x_3|\sqrt{p_1^2+p_2^2}}\frac{p_1p_2}{p_1^2+p_2^2}\left(|x_3| + \frac{1}{\sqrt{p_1^2+p_2^2}}\right). \tag{4.21}$$

Man erhält ($\xi_3 > 0$)

$$\begin{pmatrix} F_{11} & F_{12} & F_{13} \\ F_{21} & F_{22} & F_{23} \\ F_{31} & F_{32} & F_{33}\end{pmatrix} = -2\pi\, e^{i(p_1\xi_1+p_2\xi_2)}\, e^{-\xi_3\sqrt{p_1^2+p_2^2}} \begin{pmatrix} 1 & 0 & 0 \\ 0 & 1 & 0 \\ 0 & 0 & 0\end{pmatrix} +$$

$$+ \frac{\mu_0}{\lambda_0+2\mu_0} 2\pi i\, e^{i(p_1\xi_1+p_2\xi_2)}\, e^{-\xi_3\sqrt{p_1^2+p_2^2}} \frac{1}{\sqrt{p_1^2+p_2^2}} \begin{pmatrix} 0 & 0 & p_1 \\ 0 & 0 & p_2 \\ 0 & 0 & 0\end{pmatrix} +$$

$$+ \frac{\lambda_0+\mu_0}{\lambda_0+2\mu_0} 2\pi\, e^{i(p_1\xi_1+p_2\xi_2)}\, e^{-\xi_3\sqrt{p_1^2+p_2^2}} \frac{\xi_3}{\sqrt{p_1^2+p_2^2}} \begin{pmatrix} p_1^2 & p_1p_2 & ip_1\sqrt{p_1^2+p_2^2} \\ p_1p_2 & p_2^2 & ip_2\sqrt{p_1^2+p_2^2} \\ 0 & 0 & 0\end{pmatrix},$$

$$F_{7j} = 2\pi i\, e^{i(p_1\xi_1+p_2\xi_2)}\, e^{-\xi_3\sqrt{p_1^2+p_2^2}}\left(\frac{\mu_0}{\lambda_0+2\mu_0}\frac{p_j}{\sqrt{p_1^2+p_2^2}} - \frac{\lambda_0+\mu_0}{\lambda_0+2\mu_0}p_j\right), \quad j=1,2,$$

$$F_{73} = 2\pi\, e^{i(p_1\xi_1+p_2\xi_2)}\, e^{-\xi_3\sqrt{p_1^2+p_2^2}}\left(1 + \frac{\lambda_0+\mu_0}{\lambda_0+2\mu_0}\xi_3\sqrt{p_1^2+p_2^2}\right),$$

$$F_{8j} = -\frac{\lambda_0+\mu_0}{\mu_0(\lambda_0+2\mu_0)}\pi i\, e^{i(p_1\xi_1+p_2\xi_2)}\, e^{-\xi_3\sqrt{p_1^2+p_2^2}}\frac{p_j\xi_3}{\sqrt{p_1^2+p_2^2}}, \quad j=1,2,$$

$$F_{83} = \pi\, e^{i(p_1\xi_1+p_2\xi_2)}\, e^{-\xi_3\sqrt{p_1^2+p_2^2}}\, e^{-\xi_3\sqrt{p_1^2+p_2^2}}\left(\frac{\lambda_0+\mu_0}{\mu_0(\lambda_0+2\mu_0)}\xi_3 + \frac{\lambda_0+3\mu_0}{\mu_0(\lambda_0+2\mu_0)}\frac{1}{\sqrt{p_1^2+p_2^2}}\right).$$

Man kann nun ohne Mühe das Gleichungssystem (4.7) auflösen. Mit den Abkürzungen

$$C_1 = \left(2 - \frac{\mu_0^2}{(\lambda_0+2\mu_0)^2} - \frac{\mu_1^2}{(\lambda_1+2\mu_1)^2}\right)^{-1}, \tag{4.22}$$

$$C_2 = \frac{\lambda_1+3\mu_1}{2\mu_1(\lambda_1+2\mu_1)} - \frac{\lambda_0+3\mu_0}{2\mu_0(\lambda_0+2\mu_0)}, \tag{4.23}$$

$$C_3 = \frac{(\lambda_0+\mu_0)\,\mu_0(\lambda_0+3\mu_0)}{(\lambda_0+2\mu_0)^3} \tag{4.24}$$

erhält man

$$\begin{pmatrix} f_{11} & f_{12} \\ f_{21} & f_{22}\end{pmatrix} = 2\pi\, e^{i(p_1\xi_1+p_2\xi_2)}\, e^{-\xi_3\sqrt{p_1^2+p_2^2}}\begin{pmatrix} 1 & 0 \\ 0 & 1\end{pmatrix} + 4\pi C_1\frac{\mu_0^2}{(\lambda_0+2\mu_0)^2} e^{i(p_1\xi_1+p_2\xi_2)}\, e^{-\xi_3\sqrt{p_1^2+p_2^2}}\frac{1}{p_1^2+p_2^2}\begin{pmatrix} p_1^2 & p_1p_2 \\ p_1p_2 & p_2^2\end{pmatrix}$$

$$-2\pi\left(C_1C_3 + \frac{\lambda_0+\mu_0}{\lambda_0+2\mu_0}\right)e^{i(p_1\xi_1+p_2\xi_2)}\, e^{-\xi_3\sqrt{p_1^2+p_2^2}}\frac{\xi_3}{\sqrt{p_1^2+p_2^2}}\begin{pmatrix} p_1^2 & p_1p_2 \\ p_1p_2 & p_2^2\end{pmatrix},$$

$$f_{j3} = -2\pi i\frac{\mu_0}{\lambda_0+2\mu_0}\left(1 + C_1 + C_1\frac{\mu_0^2}{(\lambda_0+2\mu_0)^2}\right)e^{i(p_1\xi_1+p_2\xi_2)}\, e^{-\xi_3\sqrt{p_1^2+p_2^2}}\frac{p_j}{\sqrt{p_1^2+p_2^2}} -$$

$$-2\pi i\left(C_1C_3 + \frac{\lambda_0+\mu_0}{\lambda_0+2\mu_0}\right)e^{i(p_1\xi_1+p_2\xi_2)}\, e^{-\xi_3\sqrt{p_1^2+p_2^2}}\,p_j\xi_3, \quad j=1,2,$$

$$\begin{pmatrix} f_{41} & f_{42} \\ f_{51} & f_{52}\end{pmatrix} = -4\pi C_1\frac{\mu_0}{\lambda_0+2\mu_0}\frac{\mu_1}{\lambda_1+2\mu_1}e^{i(p_1\xi_1+p_2\xi_2)}\, e^{-\xi_3\sqrt{p_1^2+p_2^2}}\frac{1}{p_1^2+p_2^2}\begin{pmatrix} p_1^2 & p_1p_2 \\ p_1p_2 & p_2^2\end{pmatrix} +$$

$$+ 2\pi C_1\frac{(\lambda_0+\mu_0)\,(\lambda_0+3\mu_0)\,\mu_1}{(\lambda_0+2\mu_0)^2\,(\lambda_1+2\mu_1)}e^{i(p_1\xi_1+p_2\xi_2)}\, e^{-\xi_3\sqrt{p_1^2+p_2^2}}\frac{\xi_3}{\sqrt{p_1^2+p_2^2}}\begin{pmatrix} p_1^2 & p_1p_2 \\ p_1p_2 & p_2^2\end{pmatrix},$$

$$f_{j+3,3} = 2\pi i C_1\frac{\mu_1}{\lambda_1+2\mu_1}\left(1 + \frac{\mu_0^2}{(\lambda_0+2\mu_0)^2}\right)e^{i(p_1\xi_1+p_2\xi_2)}\, e^{-\xi_3\sqrt{p_1^2+p_2^2}}\frac{p_j}{\sqrt{p_1^2+p_2^2}} +$$

$$+ 2\pi i\, C_1\frac{(\lambda_0+\mu_0)\,(\lambda_0+3\mu_0)\,\mu_1}{(\lambda_0+2\mu_0)^2\,(\lambda_1+2\mu_1)}e^{i(p_1\xi_1+p_2\xi_2)}\, e^{-\xi_3\sqrt{p_1^2+p_2^2}}\,p_j\xi_3, \quad j=1,2,$$

$$f_{7j} = 4\pi i C_1 \frac{\mu_0}{\lambda_0 + 2\mu_0} e^{i(p_1\xi_1+p_2\xi_2)} e^{-\xi_3\sqrt{p_1^2+p_2^2}} \frac{p_j}{\sqrt{p_1^2+p_2^2}} -$$

$$- 2\pi i\, C_1 \frac{(\lambda_0+\mu_0)(\lambda_0+3\mu_0)}{(\lambda_0+2\mu_0)^2} e^{i(p_1\xi_1+p_2\xi_2)} e^{-\xi_3\sqrt{p_1^2+p_2^2}} p_j\xi_3, \qquad j = 1, 2,$$

$$f_{73} = 2\pi C_1 \left(1 + \frac{\mu_0^2}{(\lambda_0+2\mu_0)^2}\right) e^{i(p_1\xi_1+p_2\xi_2)} e^{-\xi_3\sqrt{p_1^2+p_2^2}} +$$

$$+ 2\pi C_1 \frac{(\lambda_0+\mu_0)(\lambda_0+3\mu_0)}{(\lambda_0+2\mu_0)^2} e^{i(p_1\xi_1+p_2\xi_2)} e^{-\xi_3\sqrt{p_1^2+p_2^2}} \sqrt{p_1^2+p_2^2}\,\xi_3,$$

$$f_{8j} = 4\pi i \frac{C_1C_2}{1+B_1} \frac{\mu_0}{\lambda_0+2\mu_0} e^{i(p_1\xi_1+p_2\xi_2)} e^{-\xi_3\sqrt{p_1^2+p_2^2}} \frac{p_j}{\sqrt{p_1^2+p_2^2}} +$$

$$+ 2\pi i \frac{1}{1+B_1} \frac{\lambda_0+\mu_0}{\lambda_0+2\mu_0} \left(\frac{1}{2\mu_0} - C_1C_2 \frac{\lambda_0+3\mu_0}{\lambda_0+2\mu_0}\right) e^{i(p_1\xi_1+p_2\xi_2)} e^{-\xi_3\sqrt{p_1^2+p_2^2}} \frac{p_j\xi_3}{\sqrt{p_1^2+p_2^2}}, \qquad j = 1, 2,$$

$$f_{83} = 2\pi \frac{1}{1+B_1} \left(C_1C_2 + C_1C_2 \frac{\mu_0^2}{(\lambda_0+2\mu_0)^2} - \frac{\lambda_0+3\mu_0}{2\mu_0(\lambda_0+2\mu_0)}\right) e^{i(p_1\xi_1+p_2\xi_2)} e^{-\xi_3\sqrt{p_1^2+p_2^2}} \frac{1}{\sqrt{p_1^2+p_2^2}} -$$

$$- 2\pi \frac{1}{1+B_1} \frac{\lambda_0+\mu_0}{\lambda_0+2\mu_0} \left(\frac{1}{2\mu_0} - C_1C_2 \frac{\lambda_0+3\mu_0}{\lambda_0+2\mu_0}\right) e^{i(p_1\xi_1+p_2\xi_2)} e^{-\xi_3\sqrt{p_1^2+p_2^2}} \xi_3 .$$

In den folgenden für die Rücktransformation (4.9) und zur Berechnung von $\mathsf{G}(P, Q)$ benötigten FOURIER-Integralen (vgl. [5]) ist

$$U = U^+(x_1, x_2, |x_3|;\ \xi_1, \xi_2, |\xi_3|) \qquad \text{(s. (3.3))}. \tag{4.25}$$

Es gilt

$$\iint\limits_{-\infty}^{+\infty} e^{-i[p_1(x_1-\xi_1)+p_2(x_2-\xi_2)]} e^{-(|x_3|+|\xi_3|)\sqrt{p_1^2+p_2^2}} \frac{p_j^2}{\sqrt{p_1^2+p_2^2}^{\,3}} dp_1\,dp_2 = -2\pi \frac{\partial^2 U}{\partial x_j^2}, \qquad j = 1, 2, \tag{4.26}$$

$$\iint\limits_{-\infty}^{+\infty} e^{-i[p_1(x_1-\xi_1)+p_2(x_2-\xi_2)]} e^{-(|x_3|+|\xi_3|)\sqrt{p_1^2+p_2^2}} \frac{p_1p_2}{\sqrt{p_1^2+p_2^2}^{\,3}} dp_1\,dp_2 = -2\pi \frac{\partial^2 U}{\partial x_1\,\partial x_2}, \tag{4.27}$$

$$\iint\limits_{-\infty}^{+\infty} e^{-i[p_1(x_1-\xi_1)+p_2(x_2-\xi_2)]} e^{-(|x_3|+|\xi_3|)\sqrt{p_1^2+p_2^2}} \frac{1}{\sqrt{p_1^2+p_2^2}} dp_1\,dp_2 = 2\pi \frac{\partial^2 U}{\partial x_3^2}, \tag{4.28}$$

$$\iint\limits_{-\infty}^{+\infty} e^{-i[p_1(x_1-\xi_1)+p_2(x_2-\xi_2)]} e^{-(|x_3|+|\xi_3|)\sqrt{p_1^2+p_2^2}} \frac{p_j}{p_1^2+p_2^2} dp_1\,dp_2 = -2\pi i \frac{\partial^2 U}{\partial x_j\,\partial |x_3|}, \qquad j = 1, 2, \tag{4.29}$$

$$\iint\limits_{-\infty}^{+\infty} e^{-i[p_1(x_1-\xi_1)+p_2(x_2-\xi_2)]} e^{-(|x_3|+|\xi_3|)\sqrt{p_1^2+p_2^2}} \frac{p_j^2}{p_1^2+p_2^2} dp_1\,dp_2 = 2\pi \frac{\partial^3 U}{\partial x_j^2\,\partial |x_3|}, \qquad j = 1, 2, \tag{4.30}$$

$$\iint\limits_{-\infty}^{+\infty} e^{-i[p_1(x_1-\xi_1)+p_2(x_2-\xi_2)]} e^{-(|x_3|+|\xi_3|)\sqrt{p_1^2+p_2^2}} \frac{p_1p_2}{p_1^2+p_2^2} dp_1\,dp_2 = 2\pi \frac{\partial^3 U}{\partial x_1\,\partial x_2\,\partial |x_3|}, \tag{4.31}$$

$$\iint\limits_{-\infty}^{+\infty} e^{-i[p_1(x_1-\xi_1)+p_2(x_2-\xi_2)]} e^{-(|x_3|+|\xi_3|)\sqrt{p_1^2+p_2^2}} dp_1\,dp_2 = -2\pi \frac{\partial^3 U}{\partial |x_3|^3}, \tag{4.32}$$

$$\iint\limits_{-\infty}^{+\infty} e^{-i[p_1(x_1-\xi_1)+p_2(x_2-\xi_2)]} e^{-(|x_3|+|\xi_3|)\sqrt{p_1^2+p_2^2}} \frac{p_j}{\sqrt{p_1^2+p_2^2}} dp_1\,dp_2 = 2\pi i \frac{\partial^3 U}{\partial x_j\,\partial x_3^2}, \qquad j = 1, 2, \tag{4.33}$$

$$\iint\limits_{-\infty}^{+\infty} e^{-i[p_1(x_1-\xi_1)+p_2(x_2-\xi_2)]} e^{-(|x_3|+|\xi_3|)\sqrt{p_1^2+p_2^2}} \frac{p_j^2}{\sqrt{p_1^2+p_2^2}} dp_1\,dp_2 = -2\pi \frac{\partial^4 U}{\partial x_j^2\,\partial x_3^2}, \qquad j = 1, 2, \tag{4.34}$$

$$\iint\limits_{-\infty}^{+\infty} e^{-i[p_1(x_1-\xi_1)+p_2(x_2-\xi_2)]} e^{-(|x_3|+|\xi_3|)\sqrt{p_1^2+p_2^2}} \frac{p_1p_2}{\sqrt{p_1^2+p_2^2}} dp_1\,dp_2 = -2\pi \frac{\partial^4 U}{\partial x_1\,\partial x_2\,\partial x_3^2}, \tag{4.35}$$

$$\iint\limits_{-\infty}^{+\infty} e^{-i[p_1(x_1-\xi_1)+p_2(x_2-\xi_2)]}\, e^{-(|x_3|+|\xi_3|)\sqrt{p_1^2+p_2^2}} \sqrt{p_1^2+p_2^2}\, dp_1\, dp_2 = 2\pi \frac{\partial^4 U}{\partial x_3^4}, \tag{4.36}$$

$$\iint\limits_{-\infty}^{+\infty} e^{-i[p_1(x_1-\xi_1)+p_2(x_2-\xi_2)]}\, e^{-(|x_3|+|\xi_3|)\sqrt{p_1^2+p_2^2}}\, p_j\, dp_1\, dp_2 = -2\pi i \frac{\partial^4 U}{\partial x_j\, \partial |x_3|^3}, \qquad j = 1, 2. \tag{4.37}$$

Führen wir noch die Funktion

$$U_0 = U^+(x_1, x_2, 0; \xi_1, \xi_2, \xi_3), \qquad \xi_3 > 0, \tag{4.38}$$

ein, dann können wir die Lösung von (4.1) in folgender Form schreiben:

$$\begin{pmatrix} \varphi_{11} & \varphi_{12} \\ \varphi_{21} & \varphi_{22} \end{pmatrix} = -\frac{\partial^3 U_0}{\partial \xi_3^3} \begin{pmatrix} 1 & 0 \\ 0 & 1 \end{pmatrix} + 2C_1 \frac{\mu_0^2}{(\lambda_0+2\mu_0)^2} \begin{pmatrix} \frac{\partial^3 U_0}{\partial x_1^2\, \partial \xi_3} & \frac{\partial^3 U_0}{\partial x_1\, \partial x_2\, \partial \xi_3} \\ \frac{\partial^3 U_0}{\partial x_1\, \partial x_2\, \partial \xi_3} & \frac{\partial^3 U_0}{\partial x_2^2\, \partial \xi_3} \end{pmatrix} +$$

$$+ \left(C_1 C_3 + \frac{\lambda_0+\mu_0}{\lambda_0+2\mu_0}\right) \xi_3 \begin{pmatrix} \frac{\partial^4 U_0}{\partial x_1^2\, \partial \xi_3^2} & \frac{\partial^4 U_0}{\partial x_1\, \partial x_2\, \partial \xi_3^2} \\ \frac{\partial^4 U_0}{\partial x_1\, \partial x_2\, \partial \xi_3^2} & \frac{\partial^4 U_0}{\partial x_2^2\, \partial \xi_3^2} \end{pmatrix},$$

$$\varphi_{j3} = \frac{\mu_0}{\lambda_0+2\mu_0}\left(1 + C_1 + C_1 \frac{\mu_0^2}{(\lambda_0+2\mu_0)^2}\right) \frac{\partial^3 U_0}{\partial x_j\, \partial \xi_3^2} - \left(C_1 C_3 + \frac{\lambda_0+\mu_0}{\lambda_0+2\mu_0}\right) \xi_3 \frac{\partial^4 U_0}{\partial x_j\, \partial \xi_3^3}, \qquad j = 1, 2,$$

$$\begin{pmatrix} \varphi_{41} & \varphi_{42} \\ \varphi_{51} & \varphi_{52} \end{pmatrix} = -2C_1 \frac{\mu_0}{\lambda_0+2\mu_0} \frac{\mu_1}{\lambda_1+2\mu_1} \begin{pmatrix} \frac{\partial^3 U_0}{\partial x_1^2\, \partial \xi_3} & \frac{\partial^3 U_0}{\partial x_1\, \partial x_2\, \partial \xi_3} \\ \frac{\partial^3 U_0}{\partial x_1\, \partial x_2\, \partial \xi_3} & \frac{\partial^3 U_0}{\partial x_2^2\, \partial \xi_3} \end{pmatrix} -$$

$$- C_1 \frac{(\lambda_0+\mu_0)(\lambda_0+3\mu_0)\mu_1}{(\lambda_0+2\mu_0)^2(\lambda_1+2\mu_1)} \xi_3 \begin{pmatrix} \frac{\partial^4 U_0}{\partial x_1^2\, \partial \xi_3^2} & \frac{\partial^4 U_0}{\partial x_1\, \partial x_2\, \partial \xi_3^2} \\ \frac{\partial^4 U_0}{\partial x_1\, \partial x_2\, \partial \xi_3^2} & \frac{\partial^4 U_0}{\partial x_2^2\, \partial \xi_3^2} \end{pmatrix},$$

$$\varphi_{j+3,3} = -C_1 \frac{\mu_1}{\lambda_1+2\mu_1}\left(1 + \frac{\mu_0^2}{(\lambda_0+2\mu_0)^2}\right) \frac{\partial^3 U_0}{\partial x_j\, \partial \xi_3^2} + C_1 \frac{(\lambda_0+\mu_0)(\lambda_0+3\mu_0)\mu_1}{(\lambda_0+2\mu_0)^2(\lambda_1+2\mu_1)} \xi_3 \frac{\partial^4 U_0}{\partial x_j\, \partial \xi_3^3}, \qquad j = 1, 2,$$

$$\varphi_{7j} = -2C_1 \frac{\mu_0}{\lambda_0+2\mu_0} \frac{\partial^3 U_0}{\partial x_j\, \partial \xi_3^2} - C_1 \frac{(\lambda_0+\mu_0)(\lambda_0+3\mu_0)}{(\lambda_0+2\mu_0)^2} \xi_3 \frac{\partial^4 U_0}{\partial x_j\, \partial \xi_3^3}, \qquad j = 1, 2,$$

$$\varphi_{73} = -C_1\left(1 + \frac{\mu_0^2}{(\lambda_0+2\mu_0)^2}\right) \frac{\partial^3 U_0}{\partial \xi_3^3} + C_1 \frac{(\lambda_0+\mu_0)(\lambda_0+3\mu_0)}{(\lambda_0+2\mu_0)^2} \xi_3 \frac{\partial^4 U_0}{\partial \xi_3^4},$$

$$\varphi_{8j} = \frac{2C_1 C_2}{1+B_1} \frac{\mu_0}{\lambda_0+2\mu_0} \frac{\partial^2 U_0}{\partial x_j\, \partial \xi_3} - \frac{1}{1+B_1} \frac{\mu_0}{\lambda_0+2\mu_0}\left(\frac{1}{2\mu_0} - C_1 C_2 \frac{\lambda_0+3\mu_0}{\lambda_0+2\mu_0}\right) \xi_3 \frac{\partial^3 U_0}{\partial x_j\, \partial \xi_3^2}, \qquad j = 1, 2,$$

$$\varphi_{83} = \frac{1}{1+B_1}\left(C_1 C_2 + C_1 C_2 \frac{\mu_0^2}{(\lambda_0+2\mu_0)^2} - \frac{\lambda_0+3\mu_0}{2\mu_0(\lambda_0+2\mu_0)}\right) \frac{\partial^2 U_0}{\partial \xi_3^2} +$$

$$+ \frac{1}{1+B_1} \frac{\lambda_0+\mu_0}{\lambda_0+2\mu_0}\left(\frac{1}{2\mu_0} - C_1 C_2 \frac{\lambda_0+3\mu_0}{\lambda_0+2\mu_0}\right) \xi_3 \frac{\partial^3 U_0}{\partial \xi_3^3}.$$

5. Berechnung von G(P, Q)

Aus (3.7) erhält man für $x_3 > 0$

$$V_{jk}(P, Q) = \frac{1}{2\pi} \iint\limits_{-\infty}^{+\infty} \left[\underset{(0)}{\Gamma_{j1}}(P, E)\varphi_{1k}(E) + \underset{(0)}{\Gamma_{j2}}(P, E)\varphi_{2k}(E)\right] d\eta_1\, d\eta_2 + \frac{1}{2\pi} \iint\limits_{-\infty}^{+\infty} \underset{(0)}{\Gamma_{j3}}(P, E)\, \varphi_{7k}(E)\, d\eta_1\, d\eta_2 +$$

$$+ \frac{1}{2\pi} \iint\limits_{-\infty}^{+\infty} \left[-\frac{\mu_0}{\lambda_0+2\mu_0} \frac{x_j-\eta_j}{r_{PE}^3} + \frac{3(\lambda_0+\mu_0)}{\lambda_0+2\mu_0} \frac{(x_j-\eta_j)\, x_3^2}{r_{PE}^5}\right] \varphi_{8k}(E)\, d\eta_1\, d\eta_2,$$

$$j = 1, 2; \; k = 1, 2, 3,$$

$$V_{3k}(P,Q) = \frac{1}{2\pi} \int\limits_{-\infty}^{+\infty}\!\!\int \left[\underset{(0)}{\Gamma_{31}}(P,E)\,\varphi_{1k}(E) + \underset{(0)}{\Gamma_{32}}(P,E)\,\varphi_{2k}(E)\right] d\eta_1\, d\eta_2 + \frac{1}{2\pi} \int\limits_{-\infty}^{+\infty}\!\!\int \underset{(0)}{\Gamma_{33}}(P,E)\,\varphi_{7k}(E)\, d\eta_1\, d\eta_2$$

$$+ \frac{1}{2\pi} \int\limits_{-\infty}^{+\infty}\!\!\int \left[\frac{\mu_0}{\lambda_0 + 2\mu_0} \frac{x_3}{r_{PE}^3} + \frac{3(\lambda_0+\mu_0)}{\lambda_0 + 2\mu_0} \frac{x_3^3}{r_{PE}^5}\right] \varphi_{8k}(E)\, d\eta_1\, d\eta_2, \qquad k = 1, 2, 3,$$

und für $x_3 < 0$

$$V_{jk}(P,Q) = \frac{1}{2\pi} \int\limits_{-\infty}^{+\infty}\!\!\int \left[\underset{(1)}{\Gamma_{j1}}(P,E)\,\varphi_{4k}(E) + \underset{(1)}{\Gamma_{12}}(P,E)\,\varphi_{5k}(E)\right] d\eta_1\, d\eta_2 + \frac{1}{2\pi} \int\limits_{-\infty}^{+\infty}\!\!\int \underset{(1)}{\Gamma_{j3}}(P,E)\,\varphi_{7k}(E)\, d\eta_1\, d\eta_2 +$$

$$+ \frac{1}{2\pi} B_1 \int\limits_{-\infty}^{+\infty}\!\!\int \left[-\frac{\mu_1}{\lambda_1 + 2\mu_1} \frac{x_j - \eta_j}{r_{PE}^3} + \frac{3(\lambda_1+\mu_1)}{\lambda_1 + 2\mu_1} \frac{(x_j - \eta_j)\, x_3^2}{r_{PE}^5}\right] \varphi_{8k}(E)\, d\eta_1\, d\eta_2,$$

$$j = 1, 2; \quad k = 1, 2, 3,$$

$$V_{3k}(P,Q) = \frac{1}{2\pi} \int\limits_{-\infty}^{+\infty}\!\!\int \left[\underset{(1)}{\Gamma_{31}}(P,E)\,\varphi_{4k}(E) + \underset{(1)}{\Gamma_{32}}(P,E)\,\varphi_{5k}(E)\right] d\eta_1\, d\eta_2 + \frac{1}{2\pi} \int\limits_{-\infty}^{+\infty}\!\!\int \underset{(1)}{\Gamma_{33}}(P,E)\,\varphi_{7k}(E)\, d\eta_1\, d\eta_2 +$$

$$+ \frac{1}{2\pi} B_1 \int\limits_{-\infty}^{+\infty}\!\!\int \left[\frac{\mu_1}{\lambda_1 + 3\mu_1} \frac{x_3}{r_{PE}^3} + \frac{3(\lambda_1+\mu_1)}{\lambda_1 + 2\mu_1} \frac{x_3^3}{r_{PE}^5}\right] \varphi_{8k}(E)\, d\eta_1\, d\eta_2 .$$

Alle diese Integrale werden nach dem folgenden Schema berechnet: Setzt man die Dichten in der Form (4.9) ein dann sind alle Integrale von der Struktur

$$I = \int\limits_{-\infty}^{+\infty}\!\!\int k(x_1 - \eta_1, x_2 - \eta_2, x_3) \int\limits_{-\infty}^{+\infty}\!\!\int e^{-i[p_1(\eta_1 - \xi_1) + p_2(\eta_2 - \xi_2)]}\, e^{-\xi_3 \sqrt{p_1^2 + p_2^2}} f(p_1, p_2)\, dp_1\, dp_2\, d\eta_1\, d\eta_2 .$$

Vertauscht man die Integrationsreihenfolge und nimmt in der Exponentialfunktion eine einfache Umformung vor, dann folgt

$$I = \int\limits_{-\infty}^{+\infty}\!\!\int e^{-i[p_1(x_1 - \xi_1) + p_2(x_2 - \xi_2)]}\, e^{-\xi_3 \sqrt{p_1^2 + p_2^2}} f(p_1, p_2) \int\limits_{-\infty}^{+\infty}\!\!\int k(x_1 - \eta_1, x_2 - \eta_2, x_3) \times$$

$$\times\, e^{i[p_1(x_1 - \eta_1) + p_2(x_2 - \eta_2)]}\, d\eta_1\, d\eta_2\, dp_1\, dp_2 .$$

Das innere Integral läßt sich mit Hilfe der Formeln (4.13)—(4.21) sofort hinschreiben und das Integral erhält die Gestalt

$$I = \int\limits_{-\infty}^{+\infty}\!\!\int e^{-i[p_1(x_1 - \xi_1) + p_2(x_2 - \xi_2)]}\, e^{-(|x_3| + \xi_3) \sqrt{p_1^2 + p_2^2}}\, g(p_1, p_2)\, dp_1\, dp_2 .$$

Mit Hilfe der Formeln (4.26)—(4.37) kann man I ermitteln. Verfährt man in dieser Weise, dann erhält man nach längeren Rechnungen folgendes Resultat:

Für $x_3 > 0$, $\xi_3 > 0$ ist

$$\mathsf{V}(P,Q) = \frac{1}{\mu_0} \begin{pmatrix} 1 & 0 & 0 \\ 0 & 1 & 0 \\ 0 & 0 & 0 \end{pmatrix} \frac{\partial^2 U}{\partial x_3^2} + \begin{Bmatrix} A_1 \frac{\partial^2 U}{\partial x_1^2} & A_1 \frac{\partial^2 U}{\partial x_1\, \partial x_2} & A_2 \frac{\partial^2 U}{\partial x_1\, \partial x_3} \\ A_1 \frac{\partial^2 U}{\partial x_1\, \partial x_2} & A_1 \frac{\partial^2 U}{\partial x_2^2} & A_2 \frac{\partial^2 U}{\partial x_2\, \partial x_3} \\ A_3 \frac{\partial^2 U}{\partial x_1\, \partial x_3} & A_3 \frac{\partial^2 U}{\partial x_2\, \partial x_3} & A_4 \frac{\partial^2 U}{\partial x_3^2} \end{Bmatrix} +$$

$$+ x_3 \begin{Bmatrix} A_5 \frac{\partial^3 U}{\partial x_1^2\, \partial x_3} & A_5 \frac{\partial^3 U}{\partial x_1\, \partial x_2\, \partial x_3} & A_6 \frac{\partial^3 U}{\partial x_1\, \partial x_3^2} \\ A_5 \frac{\partial^3 U}{\partial x_1\, \partial x_2\, \partial x_3} & A_5 \frac{\partial^3 U}{\partial x_2^2\, \partial x_3} & A_6 \frac{\partial^3 U}{\partial x_2\, \partial x_3^2} \\ A_5 \frac{\partial^3 U}{\partial x_1\, \partial x_3^2} & A_5 \frac{\partial^3 U}{\partial x_2\, \partial x_3^2} & A_6 \frac{\partial^3 U}{\partial x_3^3} \end{Bmatrix} \tag{5.1}$$

$$+ \xi_3 \begin{Bmatrix} A_7 \frac{\partial^3 U}{\partial x_1^2\, \partial x_3} & A_7 \frac{\partial^3 U}{\partial x_1\, \partial x_2\, \partial x_3} & -A_7 \frac{\partial^3 U}{\partial x_1\, \partial x_3^2} \\ A_7 \frac{\partial^3 U}{\partial x_1\, \partial x_2\, \partial x_3} & A_7 \frac{\partial^3 U}{\partial x_2^2\, \partial x_3} & -A_7 \frac{\partial^3 U}{\partial x_2\, \partial x_3^2} \\ A_8 \frac{\partial^3 U}{\partial x_1\, \partial x_3^2} & A_8 \frac{\partial^3 U}{\partial x_2\, \partial x_3^2} & -A_8 \frac{\partial^3 U}{\partial x_3^3} \end{Bmatrix} + x_3 \xi_3 A_9 \begin{Bmatrix} \frac{\partial^4 U}{\partial x_1^2\, \partial x_3^2} & \frac{\partial^4 U}{\partial x_1\, \partial x_2\, \partial x_3^2} & -\frac{\partial^4 U}{\partial x_1\, \partial x_3^3} \\ \frac{\partial^4 U}{\partial x_1\, \partial x_2\, \partial x_3^2} & \frac{\partial^4 U}{\partial x_2^2\, \partial x_3^2} & -\frac{\partial^4 U}{\partial x_2\, \partial x_3^3} \\ \frac{\partial^4 U}{\partial x_1\, \partial x_3^3} & \frac{\partial^4 U}{\partial x_2\, \partial x_3^3} & -\frac{\partial^4 U}{\partial x_3^4} \end{Bmatrix}$$

mit

$$A_1 = \frac{\lambda_0+\mu_0}{2\mu_0(\lambda_0+2\mu_0)} - C_1\frac{\mu_0(\lambda_0+3\mu_0)}{(\lambda_0+2\mu_0)^3} - \frac{2C_1C_2}{1+B_1}\frac{\mu_0^2}{(\lambda_0+2\mu_0)^2} = \frac{\lambda_0+\mu_0}{2\mu_0(\lambda_0+2\mu_0)} - \frac{B_1}{1+B_1}\frac{\mu_0}{(\lambda_0+\mu_0)(\lambda_0+2\mu_0)},$$

$$A_2 = -\frac{\lambda_0+3\mu_0}{2(\lambda_0+2\mu_0)^2}\left(1+C_1+C_1\frac{\mu_0^2}{(\lambda_0+2\mu_0)^2}\right) - $$

$$-\frac{\mu_0}{\lambda_0+2\mu_0}\frac{1}{1+B_1}\left(C_1C_2+C_1C_2\frac{\mu_0^2}{(\lambda_0+2\mu_0)^2} - \frac{\lambda_0+3\mu_0}{2\mu_0(\lambda_0+2\mu_0)}\right) = -\frac{B_1}{1+B_1}\frac{1}{\lambda_0+\mu_0},$$

$$A_3 = C_1\frac{\lambda_0+3\mu_0}{(\lambda_0+2\mu_0)^2} + \frac{2C_1C_2}{1+B_1}\frac{\mu_0}{\lambda_0+2\mu_0} = -A_2,$$

$$A_4 = C_1\frac{\lambda_0+3\mu_0}{2\mu_0(\lambda_0+2\mu_0)}\left(1+\frac{\mu_0^2}{(\lambda_0+2\mu_0)^2}\right) + \frac{1}{1+B_1}\left(C_1C_2+C_1C_2\frac{\mu_0^2}{(\lambda_0+2\mu_0)^2} - \frac{\lambda_0+3\mu_0}{2\mu_0(\lambda_0+2\mu_0)}\right)$$

$$= -\frac{\lambda_0+3\mu_0}{2\mu_0(\lambda_0+2\mu_0)} + \frac{B_1}{1+B_1}\frac{\lambda_0+2\mu_0}{\mu_0(\lambda_0+\mu_0)},$$

$$A_5 = -\frac{\lambda_0+\mu_0}{2\mu_0(\lambda_0+2\mu_0)} - C_1\frac{(\lambda_0+3\mu_0)(\lambda_0+\mu_0)}{(\lambda_0+2\mu_0)^3} - \frac{2C_1C_2}{1+B_1}\frac{\mu_0(\lambda_0+\mu_0)}{(\lambda_0+2\mu_0)^2}$$

$$= -\frac{\lambda_0+\mu_0}{2\mu_0(\lambda_0+2\mu_0)} - \frac{B_1}{1+B_1}\frac{1}{\lambda_0+2\mu_0},$$

$$A_6 = -\frac{\lambda_0+\mu_0}{2(\lambda_0+2\mu_0)^2}\left(1+C_1+C_1\frac{\mu_0^2}{(\lambda_0+2\mu_0)^2}\right) - C_1\frac{\lambda_0+\mu_0}{2\mu_0(\lambda_0+2\mu_0)}\left(1+\frac{\mu_0^2}{(\lambda_0+2\mu_0)^2}\right) -$$

$$-\frac{1}{1+B_1}\frac{\lambda_0+\mu_0}{\lambda_0+2\mu_0}\left(C_1C_2+C_1C_2\frac{\mu_0^2}{(\lambda_0+2\mu_0)^2} - \frac{\lambda_0+3\mu_0}{2\mu_0(\lambda_0+2\mu_0)}\right) = \frac{\lambda_0+\mu_0}{2\mu_0(\lambda_0+2\mu_0)} - \frac{B_1}{1+B_1}\frac{1}{\mu_0},$$

$$A_7 = -\frac{\lambda_0+3\mu_0}{2\mu_0(\lambda_0+2\mu_0)}\left(C_1C_3+\frac{\lambda_0+\mu_0}{\lambda_0+2\mu_0}\right) + \frac{1}{1+B_1}\frac{\mu_0(\lambda_0+\mu_0)}{(\lambda_0+2\mu_0)^2}\left(\frac{1}{2\mu_0} - C_1C_2\frac{\lambda_0+3\mu_0}{\lambda_0+2\mu_0}\right) = A_5,$$

$$A_8 = C_1\frac{(\lambda_0+\mu_0)(\lambda_0+3\mu_0)^2}{2\mu_0(\lambda_0+2\mu_0)^3} - \frac{1}{1+B_1}\frac{\lambda_0+\mu_0}{\lambda_0+2\mu_0}\left(\frac{1}{2\mu_0} - C_1C_2\frac{\lambda_0+3\mu_0}{\lambda_0+2\mu_0}\right) = -A_6,$$

$$A_9 = -\frac{\lambda_0+\mu_0}{2\mu_0(\lambda_0+2\mu_0)}\left(C_1C_3+\frac{\lambda_0+\mu_0}{\lambda_0+2\mu_0}\right) - C_1\frac{(\lambda_0+\mu_0)^2(\lambda_0+3\mu_0)}{2\mu_0(\lambda_0+2\mu_0)^3} +$$

$$+\frac{1}{1+B_1}\frac{(\lambda_0+\mu_0)^2}{(\lambda_0+2\mu_0)^2}\left(\frac{1}{2\mu_0} - C_1C_2\frac{\lambda_0+3\mu_0}{\lambda_0+2\mu_0}\right) = -\frac{B_1}{1+B_1}\frac{\lambda_0+\mu_0}{\mu_0(\lambda_0+2\mu_0)}.$$

Für $x_3 < 0,\ \xi_3 > 0$ ist

$$\mathsf{V}(P,Q) = \begin{pmatrix} A_{10}\frac{\partial^2 U}{\partial x_1^2} & A_{10}\frac{\partial^2 U}{\partial x_1\,\partial x_2} & A_{12}\frac{\partial^2 U}{\partial x_1\,\partial \xi_3} \\ A_{10}\frac{\partial^2 U}{\partial x_1\,\partial x_2} & A_{10}\frac{\partial^2 U}{\partial x_2^2} & A_{12}\frac{\partial^2 U}{\partial x_2\,\partial \xi_3} \\ A_{11}\frac{\partial^2 U}{\partial x_1\,\partial \xi_3} & A_{11}\frac{\partial^2 U}{\partial x_2\,\partial \xi_3} & A_{13}\frac{\partial^2 U}{\partial \xi_3^2} \end{pmatrix} + x_3\begin{pmatrix} A_{14}\frac{\partial^3 U}{\partial x_1^2\,\partial \xi_3} & A_{14}\frac{\partial^3 U}{\partial x_1\,\partial x_2\,\partial \xi_3} & A_{15}\frac{\partial^3 U}{\partial x_1\,\partial \xi_3^2} \\ A_{14}\frac{\partial^3 U}{\partial x_1\,\partial x_2\,\partial \xi_3} & A_{14}\frac{\partial^3 U}{\partial x_2^2\,\partial \xi_3} & A_{15}\frac{\partial^3 U}{\partial x_2\,\partial \xi_3^2} \\ -A_{14}\frac{\partial^3 U}{\partial x_1\,\partial \xi_3^2} & -A_{14}\frac{\partial^3 U}{\partial x_2\,\partial \xi_3^2} & -A_{15}\frac{\partial^3 U}{\partial \xi_3^3} \end{pmatrix}$$

$$+\xi_3\begin{pmatrix} A_{16}\frac{\partial^3 U}{\partial x_1^2\,\partial \xi_3} & A_{16}\frac{\partial^3 U}{\partial x_1\,\partial x_2\,\partial \xi_3} & -A_{16}\frac{\partial^3 U}{\partial x_1\,\partial \xi_3^2} \\ A_{16}\frac{\partial^3 U}{\partial x_1\,\partial x_2\,\partial \xi_3} & A_{16}\frac{\partial^3 U}{\partial x_2^2\,\partial \xi_3} & -A_{16}\frac{\partial^3 U}{\partial x_2\,\partial \xi_3^2} \\ A_{17}\frac{\partial^3 U}{\partial x_1\,\partial \xi_3^2} & A_{17}\frac{\partial^3 U}{\partial x_2\,\partial \xi_3^2} & -A_{17}\frac{\partial^3 U}{\partial \xi_3^3} \end{pmatrix} + x_3\xi_3A_{18}\begin{pmatrix} \frac{\partial^4 U}{\partial x_1^2\,\partial \xi_3^2} & \frac{\partial^4 U}{\partial x_1\,\partial x_2\,\partial \xi_3^2} & -\frac{\partial^4 U}{\partial x_1\,\partial \xi_3^3} \\ \frac{\partial^4 U}{\partial x_1\,\partial x_2\,\partial \xi_3^2} & \frac{\partial^4 U}{\partial x_2^2\,\partial \xi_3^2} & -\frac{\partial^4 U}{\partial x_2\,\partial \xi_3^3} \\ -\frac{\partial^4 U}{\partial x_1\,\partial \xi_3^3} & -\frac{\partial^4 U}{\partial x_2\,\partial \xi_3^3} & +\frac{\partial^4 U}{\partial \xi_3^4} \end{pmatrix} \tag{5.2}$$

mit

$$A_{10} = C_1\frac{\mu_0(\lambda_1+3\mu_1)}{(\lambda_0+2\mu_0)(\lambda_1+2\mu_1)^2} - 2\frac{B_1C_1C_2}{1+B_1}\frac{\mu_0}{\lambda_0+2\mu_0}\frac{\mu_1}{\lambda_1+2\mu_1} = \frac{B_1}{1+B_1}\frac{\mu_1}{(\lambda_0+\mu_0)(\lambda_1+2\mu_1)},$$

$$A_{11} = A_{10}\frac{\lambda_1+2\mu_1}{\mu_1} = \frac{B_1}{1+B_1}\frac{1}{\lambda_0+\mu_0},$$

$$A_{12} = C_1 \frac{\lambda_1 + 3\mu_1}{2(\lambda_1 + 2\mu_1)^2}\left(1 + \frac{\mu_0^2}{(\lambda_0 + 2\mu_0)^2}\right) - \frac{B_1}{1 + B_1}\frac{\mu_1}{\lambda_1 + 2\mu_1}\left(C_1 C_2 + C_1 C_2 \frac{\mu_0^2}{(\lambda_0 + 2\mu_0)^2} - \frac{\lambda_0 + 3\mu_0}{2\mu_0(\lambda_0 + 2\mu_0)}\right)$$

$$= \frac{B_1}{1 + B_1}\frac{\lambda_0 + 2\mu_0}{\mu_0(\lambda_0 + \mu_0)}\frac{\mu_1}{\lambda_1 + 2\mu_1},$$

$$A_{13} = A_{12}\frac{\lambda_1 + 2\mu_1}{\mu_1} = \frac{B_1}{1 + B_1}\frac{\lambda_0 + 2\mu_0}{\mu_0(\lambda_0 + \mu_0)},$$

$$A_{14} = -A_{10}\frac{\lambda_1 + \mu_1}{\mu_1} = -\frac{B_1}{1 + B_1}\frac{\lambda_1 + \mu_1}{(\lambda_0 + \mu_0)(\lambda_1 + 2\mu_1)},$$

$$A_{15} = -A_{12}\frac{\lambda_1 + \mu_1}{\mu_1} = -\frac{B_1}{1 + B_1}\frac{(\lambda_0 + 2\mu_0)(\lambda_1 + \mu_1)}{\mu_0(\lambda_0 + \mu_0)(\lambda_1 + 2\mu_1)},$$

$$A_{16} = C_1 \frac{(\lambda_0 + \mu_0)(\lambda_0 + 3\mu_0)(\lambda_1 + 3\mu_1)}{2(\lambda_0 + 2\mu_0)^2(\lambda_1 + 2\mu_1)^2} + \frac{B_1}{1 + B_1}\frac{\lambda_0 + \mu_0}{\lambda_0 + 2\mu_0}\frac{\mu_1}{\lambda_1 + 2\mu_1}\left(\frac{1}{2\mu_0} - C_1 C_2 \frac{\lambda_0 + 3\mu_0}{2\lambda_0 + 2\mu_0}\right)$$

$$= \frac{B_1}{1 + B_1}\frac{\mu_1}{\mu_0(\lambda_1 + 2\mu_1)},$$

$$A_{17} = A_{16}\frac{\lambda_1 + 2\mu_1}{\mu_1} = \frac{B_1}{1 + B_1}\frac{1}{\mu_0},$$

$$A_{18} = -A_{16}\frac{\lambda_1 + \mu_1}{\mu_1} = -\frac{B_1}{1 + B_1}\frac{\lambda_1 + \mu_1}{\mu_0(\lambda_1 + 2\mu_1)}.$$

Für $x_3 < 0$, $\xi_3 < 0$ ist $\mathsf{V}(P, Q)$ gleich (5.1) und für $x_3 > 0$, $\xi_3 < 0$ ist $\mathsf{V}(P, Q)$ gleich (5.2) mit dem einzigen Unterschied, daß man an Stelle der Konstanten A_i jetzt A_i^{0-1} setzen muß. Die Konstante A_i^{0-1} geht aus A_i dadurch hervor, daß λ_0, μ_0 durch λ_1, μ_1 und λ_1, μ_1 durch λ_0, μ_0 ersetzt werden.

Zwischen den Konstanten bestehen noch folgende Zusammenhänge, die für das Erkennen der Symmetrie von $\mathsf{G}(P, Q)$ wesentlich sind:

$$A_{10} = A_{10}^{0-1}, \quad A_{11} = A_{12}^{0-1}, \quad A_{12} = A_{11}^{0-1},$$

$$A_{13} = A_{13}^{0-1}, \quad A_{14} = -A_{16}^{0-1}, \quad A_{16} = -A_{14}^{0-1},$$

$$A_{15} = -A_{17}^{0-1}, \quad A_{17} = -A_{15}^{0-1}, \quad A_{18} = A_{18}^{0-1}.$$

Man stellt nun leicht fest, daß $\mathsf{G}(P, Q)$ symmetrisch ist, d. h. es gilt

$$G_{kj}(P, Q) = G_{jk}(Q, P). \tag{5.3}$$

Beachtet man die für sign x_3 = sign ξ_3 geltende Ungleichung

$$\frac{1}{\sqrt{(x_1 - \xi_1)^2 + (x_2 - \xi_2)^2 + (x_3 + \xi_3)^2}} < \frac{1}{\sqrt{(x_1 - \xi_1)^2 + (x_2 - \xi_2)^2 + (x_3 - \xi_3)^2}},$$

sowie (3.2), (3.5), dann erhält man die Abschätzungen

$$G_{kj}(P, Q) = O\left(\frac{1}{r_{PQ}}\right), \qquad \frac{\partial G_{kj}(P, Q)}{\partial x_l} = O\left(\frac{1}{r_{PQ}^2}\right). \tag{5.4}$$

Bewegt sich Q in einem beschränkten Gebiet, also z. B. $r_{0Q} < R$, dann gilt für $r_{0P} > 2R$ die Ungleichung $r_{PQ} > \frac{1}{2} r_{0P}$, somit folgt aus (5.4)

$$G_{kj}(P, Q) = O\left(\frac{1}{r_{0P}}\right), \qquad \frac{\partial G_{kj}(P, Q)}{\partial x_l} = O\left(\frac{1}{r_{0P}^2}\right) \text{ für } r_{0Q} < R,\ r_{0P} > 2R. \tag{5.5}$$

6. Eindeutigkeitssatz für das Problem $\boldsymbol{G}(\boldsymbol{F}, \Theta; \boldsymbol{h}^-, \boldsymbol{h}^+, \boldsymbol{k}, \boldsymbol{g})$

Sei $K(O, R) = \left\{(x_1, x_2, x_3) : \sum_{i=1}^{3} x_i^2 < R^2\right\}$, $S(O, R) = \left\{(x_1, x_2, x_3) : \sum_{i=1}^{3} x_i^2 = R^2\right\}$. Es sei R so gewählt, daß $D_i^j \subset K(O, R)$, $i = 0, 1, j = 1, \ldots, p_i$. Die Gebiete D_i^j mögen zur Klasse C_2 gehören (vgl. [6], Def. 1.2). Wenden wir nun das BETTIsche Reziprozitätstheorem (vgl. [6], (2.13)) auf die Gebiete $D_i^j \cap K(O, R)$, $i = 0, 1, j = 0, 1, \ldots, p_i$, an und setzen darin für $\boldsymbol{u}(Q)$ eine reguläre Lösung des Problems $G(\boldsymbol{F}, \Theta; \boldsymbol{h}^-, \boldsymbol{h}^+, k, g)$ und für $\boldsymbol{v}(Q) = \mathsf{G}^{(k)}(P, Q)^T$ $\left(P \in K(O, R) - (S + \sum_{\substack{i=0,1\\ j=1,\ldots,p_i}} S_i^j)\right)$, dann erhält man unter Beachtung von (2.1), (2.2), (2.3), (3.1), (5.3) sowie (3.13) in [6] die Darstellung (beachte die Vereinbarung (4.2) in [7])

$$
\begin{aligned}
4\pi \boldsymbol{u}(P) = {} & \sum_{\substack{j=1\\ i=0,1}}^{p_i} \int_{S_i^j} \mathsf{G}(P,Q)\,(2\mu_i+3\lambda_i)\,\alpha_i(\{\Theta\}^+ - \{\Theta\}^-)\,\boldsymbol{n}_Q\,\mathrm{d}S_Q + \\
& + \sum_{i=0}^{1} \int_{H_i \cap K(O,R)} \mathsf{G}(P,Q)[\boldsymbol{F}(Q) - (2\mu_i+3\lambda_i)\,\alpha_i \operatorname{grad}\Theta]\,\mathrm{d}V_Q + \\
& + \int_{S\cap K(O,R)} \{\mathsf{G}(P,Q)\}^+\,\boldsymbol{h}^+(Q)\,\mathrm{d}S_Q - \int_{S\cap K(O,R)} \{\mathsf{G}(P,Q)\}^-\,\boldsymbol{h}^-(Q)\,\mathrm{d}S_Q + \\
& + \int_{S\cap K(O,R)} \mathsf{G}(P,Q)\,\boldsymbol{n}_Q[k(Q) + (2\mu_1+3\lambda_1)\,\alpha_1\{\Theta\}^+ - (2\mu_0+3\lambda_0)\,\alpha_0\{\Theta\}^-]\,\mathrm{d}S_Q - \\
& - \int_{S\cap K(O,R)} \{\underset{(1)}{\mathcal{T}}(\boldsymbol{n}_Q)\,\mathsf{G}(P,Q)\}^+\,\boldsymbol{n}_Q g(Q)\,\mathrm{d}S_Q + \\
& + \sum_{i=0}^{1} \int_{H_i\cap S(O,R)} [\mathsf{G}(P,Q)\,\underset{(i)}{\mathcal{T}}(\boldsymbol{n}_Q)\,\boldsymbol{u}(Q) - \underset{(i)}{\mathcal{T}}(\boldsymbol{n}_Q)\,\mathsf{G}(P,Q)\,\boldsymbol{u}(Q)]\,\mathrm{d}S_Q\,.
\end{aligned}
\tag{6.1}
$$

Wegen des Verhaltens einer regulären Lösung im Unendlichen (vgl. Def. 2.1) sowie (5.3) und (5.5) folgt

$$
\lim_{R\to\infty} \sum_{i=0}^{1} \int_{H_i\cap S(O,R)} \{\mathsf{G}(P,Q)\,\underset{(i)}{\mathcal{T}}(\boldsymbol{n}_Q)\,\boldsymbol{u}(Q) - \underset{(i)}{\mathcal{T}}(\boldsymbol{n}_Q)\,\mathsf{G}(P,Q)\,\boldsymbol{u}(Q)]\,\mathrm{d}S_Q = 0\,.
$$

Somit erhält man den folgenden

Satz 6.1: *Jede reguläre Lösung* $\boldsymbol{u}$ *des Problems* $G(\boldsymbol{F}, \Theta; \boldsymbol{h}^-, \boldsymbol{h}^+, k, g)$ *gestattet die Darstellung*

$$
\begin{aligned}
4\pi \boldsymbol{u}(P) = {} & \sum_{\substack{j=1\\ i=0,1}}^{p_i} \int_{S_i^j} \mathsf{G}(P,Q)\,(2\mu_i+3\lambda_i)\,\alpha_i(\{\Theta\}^+ - \{\Theta\}^-\,\boldsymbol{n}_Q\,\mathrm{d}S_Q + \\
& + \lim_{R\to\infty} \Bigg\{ \sum_{i=0}^{1} \int_{H_i\cap K(O,R)} \mathsf{G}(P,Q)\,[\boldsymbol{F}(Q) - (2\mu_i+3\lambda_i)\,\alpha_i \operatorname{grad}\Theta]\,\mathrm{d}V_Q + \\
& + \int_{S\cap K(O,R)} \{\mathsf{G}(P,Q)\}^+\,\boldsymbol{h}^+(Q)\,\mathrm{d}S_Q - \int_{S\cap K(O,R)} \{\mathsf{G}(P,Q)\}^-\,\boldsymbol{h}^-(Q)\,\mathrm{d}S_Q + \\
& + \int_{S\cap K(O,R)} \mathsf{G}(P,Q)\,\boldsymbol{n}_Q[k(Q) + (2\mu_1+3\lambda_1)\,\alpha_1\{\Theta\}^+ - (2\mu_0+3\lambda_0)\,\alpha_0\{\Theta\}^-]\,\mathrm{d}S_Q - \\
& - \int_{S\cap K(O,R)} \Big\{\underset{(1)}{\mathcal{T}}(\boldsymbol{n}_Q)\,\mathsf{G}(P,Q)\Big\}^+\,\boldsymbol{n}_Q g(Q)\,\mathrm{d}S_Q \Bigg\}.
\end{aligned}
\tag{6.2}
$$

Satz 6.2: *Das Problem* $G(\boldsymbol{F}, \Theta; \boldsymbol{h}^-, \boldsymbol{h}^+, k, g)$ *kann höchstens eine reguläre Lösung haben.*

Beweis: Seien $\boldsymbol{u}_1$ und $\boldsymbol{u}_2$ zwei reguläre Lösungen des Problems $G(\boldsymbol{F}, \Theta; \boldsymbol{h}^-, \boldsymbol{h}^+, k, g)$, dann ist $\boldsymbol{u} = \boldsymbol{u}_1 - \boldsymbol{u}_2$ reguläre Lösung des Problems $G(0, 0; \boldsymbol{0}, \boldsymbol{0}, 0, 0)$. Aus (6.2) folgt $\boldsymbol{u} = \boldsymbol{0}$.

Folgerung: Die berechnete GREENsche Matrix $\mathsf{G}(P, Q)$ ist die einzige GREENsche Matrix für das Problem G.

Existenzsätze für das Problem $G(\boldsymbol{F}, \Theta; \boldsymbol{h}^-, \boldsymbol{h}^+, k, g$ sollen nicht formuliert werden, doch ist es auf Grund bekannter Eigenschaften der elastischen Potentiale (s. [2], Kapitel V) sowie Untersuchungen über das Verhalten von Potentialen über S (s. [6], S. 98—107) und von Volumenpotentialen (s. [4], Satz 7.2, Satz 7.6) im Unendlichen unter Beachtung von (5.4) leicht möglich, hinreichende Bedingungen anzugeben, unter denen (6.2) eine reguläre Lösung des Problems $G(\boldsymbol{F}, \Theta; \boldsymbol{h}^-, \boldsymbol{h}^+, k, g)$ darstellt. Wir werden uns im nächsten Abschnitt auf eine Klasse von Wärmespannungsproblemen beschränken, die sich in geschlossener Form lösen lassen.

7. Lösung gewisser Wärmespannungsprobleme

Wir betrachten das Problem $G(0, \Theta; \boldsymbol{0}, \boldsymbol{0}, 0, 0)$, wobei Θ das folgende unstetige Temperaturfeld ist:

$$
\Theta(P) = \begin{cases} \Theta_i^j = \text{const}, & \text{für} \quad P \in D_i^j, \quad i = 0, 1, \quad j = 1, \dots, p_i, \\ 0 & \text{sonst}\,. \end{cases}
\tag{7.1}
$$

Hat dieses Problem eine reguläre Lösung $\boldsymbol{u}$, dann gilt nach (6.2) (vgl. auch [6], S. 119)

$$
4\pi \boldsymbol{u}(P) = \sum_{\substack{j=1\\ i=0,1}}^{p_i} \int_{S_i^j} \mathsf{G}(P,Q)\,(2\mu_i+3\lambda_i)\,\alpha_i\Theta_i^j \boldsymbol{n}_Q\,\mathrm{d}S_Q = \sum_{\substack{j=1\\ i=0,1}}^{p_i} (2\mu_i+3\lambda_i)\,\alpha_i\Theta_i^j \int_{D_i^j} \operatorname{Div}_Q \mathsf{G}(P,Q)\,\mathrm{d}V_Q\,.
\tag{7.2}
$$

Aus (5.1) und (5.2) folgt für $x_3 > 0$, $\xi_3 > 0$ $(\tilde{Q} = (\xi_1, \xi_2, -\xi_3))$

$$
\begin{aligned}
\operatorname{Div}_Q \mathsf{G}(P,Q) = {} & \frac{1}{\lambda_0+2\mu_0} \begin{pmatrix} \dfrac{\partial}{\partial x_1}\dfrac{1}{r_{PQ}} \\[2ex] \dfrac{\partial}{\partial x_2}\dfrac{1}{r_{PQ}} \\[2ex] \dfrac{\partial}{\partial x_3}\dfrac{1}{r_{PQ}} \end{pmatrix} - \frac{1}{\lambda_0+2\mu_0} \begin{pmatrix} \dfrac{\partial}{\partial x_1}\dfrac{1}{r_{P\tilde{Q}}} \\[2ex] \dfrac{\partial}{\partial x_2}\dfrac{1}{r_{P\tilde{Q}}} \\[2ex] \dfrac{\partial}{\partial x_3}\dfrac{1}{r_{P\tilde{Q}}} \end{pmatrix} + \\
& + \frac{2B_1}{(1+B_1)(\lambda_0+\mu_0)} \begin{pmatrix} -\dfrac{\mu_0}{\lambda_0+2\mu_0}\dfrac{\partial}{\partial x_1}\dfrac{1}{r_{P\tilde{Q}}} \\[2ex] -\dfrac{\mu_0}{\lambda_0+2\mu_0}\dfrac{\partial}{\partial x_2}\dfrac{1}{r_{P\tilde{Q}}} \\[2ex] +\dfrac{\partial}{\partial x_3}\dfrac{1}{r_{P\tilde{Q}}} \end{pmatrix} - \frac{2B_1}{(1+B_1)(\lambda_0+2\mu_0)}\,x_3 \begin{pmatrix} \dfrac{\partial^2}{\partial x_1\,\partial x_3}\dfrac{1}{r_{P\tilde{Q}}} \\[2ex] \dfrac{\partial^2}{\partial x_2\,\partial x_3}\dfrac{1}{r_{P\tilde{Q}}} \\[2ex] \dfrac{\partial^2}{\partial x_3^2}\dfrac{1}{r_{P\tilde{Q}}} \end{pmatrix},
\end{aligned}
\tag{7.3}
$$

und für $x_3 < 0,\ \xi_3 > 0$

$$\operatorname{Div}_Q \mathsf{G}(P, Q) = 2 \begin{pmatrix} A_{10} \dfrac{\partial}{\partial x_1} \dfrac{1}{r_{PQ}} \\ A_{10} \dfrac{\partial}{\partial x_2} \dfrac{1}{r_{PQ}} \\ -A_{11} \dfrac{\partial}{x_3} \dfrac{1}{r_{PQ}} \end{pmatrix} - 2A_{14}\, x_3 \begin{pmatrix} \dfrac{\partial^2}{\partial x_1\, \partial x_3} \dfrac{1}{r_{PQ}} \\ \dfrac{\partial^2}{\partial x_2\, \partial x_3} \dfrac{1}{r_{PQ}} \\ \dfrac{\partial^2}{\partial x_3^2} \dfrac{1}{r_{PQ}} \end{pmatrix}. \tag{7.4}$$

Analoge Ausdrücke erhält man für $x_3 < 0,\ \xi_3 < 0$ und $x_3 > 0,\ \xi_3 < 0$. Aus bekannten Sätzen über das NEWTONsche Potential (s. [1], S. 90–91, [4], Satz 7.1) folgt der

Satz 7.1: *Seien S_i^j $(i = 0, 1,\ j = 1, \ldots, p_i)$ Ljapunow-Flächen, dann stellt (7.2) eine reguläre Lösung des Problems $G(\mathbf{0}, \Theta; \mathbf{0}, 0, 0, 0)$ mit dem Temperaturfeld (7.1) dar. Die Lösung ergibt sich aus Ableitungen der Gravitationspotentiale der Gebiete D_i^j und der an der Ebene $x_3 = 0$ gespiegelten Gebiete $\tilde{D}_i^j$. Die Lösung läßt sich also explizit hinschreiben, wenn man die Gravitationspotentiale der Gebiete D_i^j kennt.*

Als Beispiel betrachten wir die Erwärmung einer Kugel $K(M_0, R) \subset H_0$ um die konstante Temperatur Θ. Es sei $M_0 = (0, 0, c)$, $R < c$, $c > 0$, $M_1 = (0, 0, -c)$. Der Verschiebungsvektor ist nach (7.2)

$$\boldsymbol{u}(P) = \frac{(2\mu_0 + 3\lambda_0)\, \alpha_0 \Theta}{4\pi} \int\limits_{K(M_0, R)} \operatorname{Div}_Q \mathsf{G}(P, Q)\, \mathrm{d}V_Q\,. \tag{7.5}$$

Das Gravitationspotential der Kugel ist bekannt, es gilt

$$\varphi(P, M) := \int\limits_{K(M, R)} \frac{1}{r_{PQ}}\, \mathrm{d}V_Q = \begin{cases} \varphi_1(P, M) := 2\pi \left(R^2 - \dfrac{1}{3} r_{PM}^2\right) & \text{für} \quad r_{PM} \leqq R\,, \\ \varphi_2(P, M) := \dfrac{4}{3} \pi R^3 \dfrac{1}{r_{PM}} & \text{für} \quad r_{PM} > R\,. \end{cases} \tag{7.6}$$

Aus (7.3)–(7.6) folgt dann

für $r_{PM_0} \leqq R$:

$$\frac{4\pi}{(2\mu_0 + 3\lambda_0)\, \alpha_0 \Theta} u_j(P) = -\frac{1}{\lambda_0 + 2\mu_0} \frac{\partial}{\partial x_j} \varphi_1(P, M_0) -$$
$$-\frac{1}{\lambda_0 + 2\mu_0} \left(1 + \frac{2B_1 \mu_0}{(1 + B_1)(\lambda_0 + \mu_0)}\right) \frac{\partial}{\partial x_j} \varphi_2(P, M_1) - \frac{2B_1}{(1 + B_1)(\lambda_0 + 2\mu_0)} x_3 \frac{\partial^2}{\partial x_j\, \partial x_3} \varphi_2(P, M_1)\,,$$
$$j = 1, 2\,,$$

$$\frac{4\pi}{(2\mu_0 + 3\lambda_0)\, \alpha_0 \Theta} u_3(P) = -\frac{1}{\lambda_0 + 2\mu_0} \frac{\partial}{\partial x_3} \varphi_1(P, M_0) +$$
$$+\left(-\frac{1}{\lambda_0 + 2\mu_0} + \frac{2B_1}{(1 + B_1)(\lambda_0 + \mu_0)}\right) \frac{\partial}{\partial x_3} \varphi_2(P, M_1) - \frac{2B_1}{(1 + B_1)(\lambda_0 + 2\mu_0)} x_3 \frac{\partial^2}{\partial x_3^2} \varphi_2(P, M_1);$$

für $x_3 > 0,\ r_{PM_0} > R$:

$$\frac{4\pi}{(2\mu_0 + 3\lambda_0)\, \alpha_0 \Theta} u_j(P) = -\frac{1}{\lambda_0 + 2\mu_0} \frac{\partial}{\partial x_j} \varphi_2(P, M_0) -$$
$$-\frac{1}{\lambda_0 + 2\mu_0} \left(1 + \frac{2B_1 \mu_0}{(1 + B_1)(\lambda_0 + \mu_0)}\right) \frac{\partial}{\partial x_j} \varphi_2(P, M_1) - \frac{2B_1}{(1 + B_1)(\lambda_0 + 2\mu_0)} x_3 \frac{\partial^2}{\partial x_j\, \partial x_3} \varphi_2(P, M_1)$$
$$j = 1, 2\,,$$

$$\frac{4\pi}{(2\mu_0 + 3\lambda_0)\, \alpha_0 \Theta} u_3(P) = -\frac{1}{\lambda_0 + 2\mu_0} \frac{\partial}{\partial x_3} \varphi_2(P, M_0) +$$
$$+\left(-\frac{1}{\lambda_0 + 2\mu_0} + \frac{2B_1}{(1 + B_1)(\lambda_0 + \mu_0)}\right) \frac{\partial}{\partial x_3} \varphi_2(P, M_1) - \frac{2B_1}{(1 + B_1)(\lambda_0 + 2\mu_0)} x_3 \frac{\partial^2}{\partial x_3^2} \varphi_2(P, M_1)$$
$$j = 1, 2;$$

für $x_3 < 0$:

$$\frac{4\pi}{(2\mu_0 + 3\lambda_0)\, \alpha_0 \Theta} u_j(P) = 2A_{10} \frac{\partial}{\partial x_j} \varphi_2(P, M_0) - 2A_{14} x_3 \frac{\partial^2}{\partial x_j\, \partial x_3} \varphi_2(P, M_0), \qquad j = 1, 2\,,$$

$$\frac{4\pi}{(2\mu_0 + 3\lambda_0)\, \alpha_0 \Theta} u_3(P) = -2A_{11} \frac{\partial}{\partial x_3} \varphi_2(P, M_0) - 2A_{14} x_3 \frac{\partial^2}{\partial x_3^2} \varphi_2(P, M_0)\,.$$

Wir führen Zylinderkoordinaten $\varrho = \sqrt{x_1^2 + x_2^2}$, φ, $z = x_3$ ein, dann erhält man auf der Ebene $x_3 = 0$ für die Komponenten des Verschiebungsvektors

$$\{u_z\}^+ = \{u_z\}^- = -\frac{2(2\mu_0 + 3\lambda_0)\, B_1}{3(\lambda_0 + \mu_0)\,(1 + B_1)} \alpha_0 \Theta R^3 \frac{c}{\sqrt{\varrho^2 + c^2}^3}, \tag{7.7}$$

$$\{u_\varrho\}^+ = \lim_{x_3 \to -0} u_\varrho = -\frac{2(2\mu_0 + 3\lambda_0)\, \mu_1 B_1}{3(\lambda_0 + \mu_0)\,(\lambda_1 + 2\mu_1)\,(1 + B_1)} \alpha_0 \Theta R^3 \frac{\varrho}{\sqrt{\varrho^2 + c^2}^3},$$

$$\{u_\varrho\}^- = \lim_{x_3 \to +0} u_\varrho = \frac{2(2\mu_0 + 3\lambda_0)}{3(\lambda_0 + 2\mu_0)} \left(1 + \frac{\mu_0 B_1}{(\lambda_0 + \mu_0)\,(1 + B_1)}\right) \alpha_0 \Theta R^3 \frac{\varrho}{\sqrt{\varrho^2 + c^2}^3},$$

und für die Spannungen

$$\{\sigma_{zz}\}^+ = \{\sigma_{zz}\}^- = -\frac{4(2\mu_0 + 3\lambda_0)\, \mu_0}{3(\lambda_0 + 2\mu_0)\,(1 + B_1)} \alpha_0 \Theta R^3 \frac{2c^2 - \varrho^2}{\sqrt{\varrho^2 + c^2}^5},$$

$$\{\sigma_{\varrho z}\}^+ = \{\sigma_{\varphi z}\}^+ = \{\sigma_{\varrho z}\}^- = \{\sigma_{\varphi z}\}^- = 0\,, \qquad \sigma_{\varrho\varphi} \equiv 0\,.$$

Ist $\Theta > 0$, dann ist also $\{\sigma_{zz}\}^+ > 0$ für $\varrho > \sqrt{2}\,c$ und $\{\sigma_{zz}\}^+ < 0$ für $\varrho < \sqrt{2}\,c$, d. h. im Kreis $\varrho < \sqrt{2}\,c$ werden beide Halbräume aufeinandergedrückt. Die Zugspannung für $\varrho > \sqrt{2}\,c$ wird in Wirklichkeit bewirken, daß sich zwischen beiden Halbräumen ein Hohlraum ausbildet. Da dies bei unserem Modell auf Grund der Kontaktbedingung (7.6) nicht möglich ist, wird die Oberfläche des unteren Halbraumes in Richtung des Koordinatenursprungs gedrückt. So erklärt sich, daß $\{u_\varrho\}^+ < 0$ ist. Dies wird auch deutlich, wenn man $\{\sigma_{\varrho\varrho}\}^+$ und $\{\sigma_{\varphi\varphi}\}^+$ berechnet. Es ist $\{\sigma_{\varrho\varrho}\}^+ \lesseqgtr 0$ für $\varrho \lesseqgtr c \sqrt{\dfrac{2\lambda_1 + \mu_1}{\lambda_1 + 2\mu_1}}$ und $\{\sigma_{\varphi\varphi}\}^+ < 0$ für alle ϱ, wenn die POISSONsche Zahl $\nu_1 \leqq \dfrac{1}{4}$ ist.

8. Die elastostatischen Greenschen Tensoren 2. und 3. Art für den Halbraum

Es gilt

$$\left\{\mathcal{T}(\boldsymbol{n}_{Q_0})\, \mathsf{G}^{(j)}(Q_0, Q) \cdot \boldsymbol{n}_{Q_0}\right\}^+_{(1)} = \lim_{x_3 \to -0} \left(\lambda_1 \operatorname{div} \mathsf{G}^{(j)}(P, Q) + 2\mu_1 \frac{\partial}{\partial x_3} G_{3j}(P, Q)\right)$$

$$= -\frac{2\mu_0}{(\lambda_0 + 2\mu_0)\,(1 + B_1)} \frac{\partial^3 U_0}{\partial x_j\, \partial \xi_3^2} - \frac{2(\lambda_0 + \mu_0)}{(\lambda_0 + 2\mu_0)\,(1 + B_1)} \xi_3 \frac{\partial^4 U_0}{\partial x_j\, \partial \xi_3^3}, \qquad j = 1, 2\,, \tag{8.1 a}$$

und

$$\left\{\mathcal{T}(\boldsymbol{n}_{Q_0})\, \mathsf{G}^{(3)}(Q_0, Q) \cdot \boldsymbol{n}_{Q_0}\right\}^+_{(1)} = \lim_{x_3 \to -0} \left(\lambda_1 \operatorname{div} \mathsf{G}^{(3)}(P, Q) + 2\mu_1 \frac{\partial}{\partial x_3} G_{33}(P, Q)\right)$$

$$= -\frac{2}{1 + B_1} \frac{\partial^3 U_0}{\partial \xi_3^3} + \frac{2(\lambda_0 + \mu_0)}{(\lambda_0 + 2\mu_0)\,(1 + B_1)} \xi_3 \frac{\partial^4 U_0}{\partial \xi_3^4}. \tag{8.1 b}$$

Zwischen den LAMÉschen Moduln λ_1, μ_1 und dem Elastizitätsmodul E_1 und der POISSONschen Zahl ν_1 besteht der Zusammenhang

$$\lambda_1 = \frac{\nu_1 E_1}{(1 + \nu_1)\,(1 - 2\nu_1)}, \qquad \mu_1 = \frac{E_1}{2(1 + \nu_1)}.$$

Machen wir den Halbraum $x_3 < 0$ „weich", d. h. $E_1 \to 0$, dann wird

$$\lambda_1 = 0, \; \mu_1 = 0 \quad \text{und} \quad \lim_{E_1 \to 0} B_1 = \infty, \quad \text{also} \quad \lim_{E_1 \to 0} \frac{B_1}{1 + B_1} = 1\,.$$

Aus (8.1) folgt

$$\lim_{E_1 \to 0} \left\{\mathcal{T}(\boldsymbol{n}_{Q_0})\, \mathsf{G}^{(k)}(Q_0, Q) \cdot \boldsymbol{n}_{Q_0}\right\}^+_{(1)} = 0\,. \tag{8.2}$$

Setzen wir $\lambda_0 = \lambda$, $\mu_0 = \mu$ und

$$\mathsf{G}_{\mathrm{II}}(P, Q) = \Gamma(P, Q) + \mathsf{V}_{\mathrm{II}}(P, Q) \tag{8.3}$$

mit

$$\mathsf{V}_{\mathrm{II}}(P, Q) = \lim_{E_1 \to 0} \mathsf{V}(P, Q), \quad P, Q \in H_0\,,$$

dann hat wegen (8.2), (3.1 a), (3.1 c) diese Matrix die Eigenschaft

$$\lim_{x_3 \to +0} \mathcal{T}(\boldsymbol{n}_p)\, \mathsf{G}_{\mathrm{II}}^{(k)}(P, Q) = 0\,,$$

d. h. $\mathsf{G}_{\mathrm{II}}(P, Q)$ ist der elastostatische GREENsche Tensor 2. Art für den Halbraum. Man erhält $\mathsf{V}_{\mathrm{II}}(P, Q)$ sofort, wenn man in (5.1) $\dfrac{B_1}{1 + B_1} = 1$ setzt. $\mathsf{G}_{\mathrm{II}}(P, Q)$ stimmt mit dem in [5] berechneten $\mathsf{G}_{\mathrm{II}}(P, Q)$ überein.

Machen wir den Halbraum $x_3 < 0$ „starr", d. h. $E_1 \to \infty$, dann ist $\lim\limits_{E_1 \to \infty} B_1 = 0$. Aus (5.2) folgt dann

$$\lim_{E_1 \to \infty} \mathsf{V}(P, Q) \equiv 0 \quad \text{für} \quad P \in H_1,\ Q \in H_0 .$$

Wegen (3.1a) und (3.1d) hat die Matrix

$$\mathsf{G}_{\mathrm{III}}(P, Q) = \Gamma(P, Q) + \mathsf{V}_{\mathrm{III}}(P, Q), \quad P, Q \in H_0$$

mit

$$\mathsf{V}_{\mathrm{III}}(P, Q) = \lim_{E_1 \to \infty} \mathsf{V}(P, Q)$$

die Eigenschaft

$$\lim_{x_3 \to +0} \mathcal{T}^t(\boldsymbol{n})\, \mathsf{G}_{\mathrm{III}}^{(k)}(P, Q) = 0\,, \qquad \lim_{x_3 \to +0} G_{\mathrm{III}\,3k}(P, Q) = 0\,, \qquad k = 1, 2, 3\,. \tag{8.4}$$

Die Randbedingung (8.4) wird in [2] als dritte Randbedingung bezeichnet, deshalb nennen wir $\mathsf{G}_{\mathrm{III}}(P, Q)$ GREENschen Tensor 3. Art. Man erhält, wenn man in (5.1) $B_1 = 0$ setzt

$$\mathsf{V}_{\mathrm{III}}(P, Q) = \begin{pmatrix} \frac{1}{\mu} & 0 & 0 \\ 0 & \frac{1}{\mu} & 0 \\ 0 & 0 & -\frac{\lambda + 3\mu}{2\mu(\lambda + 2\mu)} \end{pmatrix} \frac{\partial^2 U}{\partial x_3^2} + \frac{\lambda + \mu}{2\mu(\lambda + 2\mu)} \begin{pmatrix} \frac{\partial^2 U}{\partial x_1^2} & \frac{\partial^2 U}{\partial x_1\, \partial x_2} & 0 \\ \frac{\partial^2 U}{\partial x_1\, \partial x_2} & \frac{\partial^2 U}{\partial x_2} & 0 \\ 0 & 0 & 0 \end{pmatrix}$$

$$+ \frac{\lambda + \mu}{2\mu(\lambda + 2\mu)} \cdot (x_3 + \xi_3) \begin{pmatrix} -\frac{\partial^3 U}{\partial x_1^2\, \partial x_3} & -\frac{\partial^3 U}{\partial x_1\, \partial x_2\, \partial x_3} & \frac{\partial^3 U}{\partial x_1\, \partial x_3^2} \\ -\frac{\partial^3 U}{\partial x_1\, \partial x_2\, \partial x_3} & -\frac{\partial^3 U}{\partial x_2^2\, \partial x_3} & \frac{\partial^3 U}{\partial x_2\, \partial x_3^2} \\ -\frac{\partial^3 U}{\partial x_1\, \partial x_3^2}, & -\frac{\partial^3 U}{\partial x_2\, \partial x_3^2} & \frac{\partial^3 U}{\partial x_3^3} \end{pmatrix}.$$

Die dritte Randwertaufgabe für den Halbraum

$$\mathcal{A}\boldsymbol{u} = \boldsymbol{0}, \quad \mathcal{T}^t(\boldsymbol{n})\, \boldsymbol{u} = \boldsymbol{h}\,, \quad \boldsymbol{u} \cdot \boldsymbol{n} = g, \quad \boldsymbol{n} = (0, 0, 1)^T$$

ist somit in Quadraturen lösbar (vgl. (6.2)):

$$4\pi \boldsymbol{u}(P) = -\int_S \mathsf{G}_{\mathrm{III}}(P, Q)\, \boldsymbol{h}(Q)\, \mathrm{d}S_Q + \int_S \mathcal{T}(\boldsymbol{n}_Q)\, \mathsf{G}_{\mathrm{III}}(P, Q)\, \boldsymbol{n}_Q g(Q)\, \mathrm{d}S_Q\,.$$

Bei der Aufgabe des Eindrückens eines unendlichen starren Profils ist $\boldsymbol{h} = \boldsymbol{0}$, wenn zwischen Halbraum und Profil die Haftreibung Null ist.

Literatur

1 GÜNTER, N. M., Die Potentialtheorie und ihre Anwendung auf Grundaufgaben der math. Physik, B. G. Teubner Leipzig, 1957
2 Купрадзе, В. Д., Гегелиа, Т. Г., Башелейшвили, М. О., Бурчуладзе, Т. В., Трехмерные задачи математической теории упругости и термоупругости, Издательство „Наука", Москва 1976.
3 Михлин, С. Г., Многомерные сингулярные интегралы и интегральные уравнения, Москва 1962, Государственное издательство физико-математической литературы.
4 JENTSCH, L., Zur Thermoelastostatik stückweise homogener Körper, Archive for Rational Mechanics and Analysis, Vol. **24**, No. 2, 1967, p. 141—172.
5 JENTSCH, L., Die elastostatischen GREENschen Tensoren für den Halbraum mit Anwendungen auf Wärmespannungsprobleme, ZAMM **48** (1968), S. 117—126.
6 JENTSCH, L., Über Wärmespannungen in Körpern mit stückweise konstanten LAMÉschen Elastizitätsmoduln, Schriftenreihe des Zentralinstituts für Mathem. und Mechanik bei der AdW der DDR, Heft 14, 1972, Akademie-Verlag, Berlin.
7 JENTSCH, L., Zur Existenz von regulären Lösungen der Elastostatik stückweise homogener Körper mit neuen Kontaktbedingungen an den Trennflächen zwischen zwei homogenen Teilen, Abhandlungen der Sächs. Akademie der Wissenschaften zu Leipzig, Math.-naturwissensch. Klasse, Bd. **53**, Heft 2, 1977.

Eingereicht am 17. 2. 1977

Anschrift: Prof. Dr. LOTHAR JENTSCH, Technische Hochschule Karl-Marx-Stadt, Sektion Mathematik, Reichenhainer Straße 39—41, 901 Karl-Marx-Stadt, DDR

ZAMM 58, 225 – 232 (1978)

MITHAT IDEMEN

On a System of p-Tuple Series Equations Related to the Scattering by an Inhomogeneous Sphere

A system of p-tuple series equations, involving associate Legendre functions, related to the scattering of electromagnetic waves by a spherical surface divided into p parallel strips with different impedances is studied. The original problem of solving a system composed of two p-tuple series equations is reduced to a problem of solving 2(2p — 1) (or two) completely independent p-tuple series equations with the same kernel as well as a system of linear algebraic equations. The solutions to the independent series equations can be found by successive iterations. The conditions wich guarantee the convergence of the iterations and the uniqueness of the solution are given in two theorems. The results are applied to a simple illustrative example.

Исследуется система p-тупель уравнений рядов описывающая дисперсию электромагнетических волн у сферической поверхности состоящей из p параллельных полосов обладающих разными импедансами.
Первоначальная задача решения системы двух p-тупель уравнений рядов приводится к задаче решения системы $2(2p - 1)$ (или двух) независимых p-тупель уравнений рядов имеющих то же самое ядром системы линейных аллебраических уравнений. Решения независимых уравнений рядов определяются последовательными приближениями. В двух теоремах сформулируются условия гарантирующие сходимость и единственность решения. Результаты иллюстрируются простым примером.

*Es wird ein System von p-Tupel Reihengleichungen untersucht, das die Dispersion elektromagnetischer Wellen an einer sphärischen Fläche beschreibt, die aus p parallelen Streifen mit verschiedenen Impedanzen besteht.
Das ursprüngliche Problem, ein System von zwei p-Tupel Reihengleichungen zu lösen, wird auf das Problem reduziert, die Lösung von 2(2p — 1) (oder zwei) unabhängigen p-Tupel Reihengleichungen mit demselben Kern und eines Systems linearer algebraischer Gleichungen zu bestimmen. Die Lösungen der unabhängigen Reihengleichungen werden mittels sukzessiver Iterationen ermittelt. Die Bedingungen, die die Konvergenz der Iterationen und die Eindeutigkeit der Lösung gewährleisten, werden in zwei Sätzen formuliert. Die Resultate werden an einem einfachen Beispiel illustriert.*

1. Introduction

Although dual and triple orthogonal series equations have been studied extensively during the past twenty five years, no investigation, as far as we know, concerning systems of such equations has appeared in the literature. Because of the vector character of the electromagnetic field, the scattering problem associated with electromagnetic waves reduces, in general, to a system consisting of two coupled series equations (dual, triple or p-tuple) (see cf. section 5 below). This fact adds some additional difficulties to problems relating to the scattering of electromagnetic waves. *The subject of this paper is to consider a particular system of p-tuple series equations, relating to the scattering of electromagnetic waves by an inhomogeneous sphere*, namely [see cf. section 5 below]

$$\left.\begin{aligned} &\sum_{n=m}^{\infty} m r_{nj} A_n \frac{P_n^m(\cos\theta)}{\sin\theta} + s_{nj} D_n P_n^{\prime m}(\cos\theta)\sin\theta = g(\theta) \\ &\sum_{n=m}^{\infty} m s_{nj} D_n \frac{P_n^m(\cos\theta)}{\sin\theta} + r_{nj} A_n P_n^{\prime m}(\cos\theta)\sin\theta = h(\theta) \end{aligned}\right\} \begin{aligned} &\theta \in (\alpha_{j-1}, \alpha_j); \\ &j = 1, \dots, p; \\ &0 = \alpha_0 < \alpha_1 < \dots < \alpha_p = \pi; \end{aligned} \tag{1}$$

where A_n and D_n are to be determined while m is a given natural number; P_n^m denotes the usual associate LEGENDRE functions; r_{nj} and s_{nj} are known complex coefficients (modifiers) which tend to some nonzero constants as $n \to \infty$; $g(\theta)$ and $h(\theta)$ are known complex-valued functions, continuous in each strip $\alpha_{j-1} < \theta < \alpha_j$. Equation (1) is considered in the space of infinite sequences of complex numbers $(U_m, U_{m+1}, \dots)$ for which

$$\sum_{n=m}^{\infty} |U_n|^2 \, ||P_n^m||^2 < \infty , \tag{2}$$

with

$$||P_n^m||^2 = \int_0^\pi \{P_n^m(\cos\theta)\}^2 \sin\theta \, d\theta = \frac{2}{2n+1} \frac{(n+m)!}{(n-m)!}.$$

Since the structure of the system is affected enormously by the coordinate system used, we don't attempt to consider any generalization which, in practice, will be meaningless.

In the case $m = 0$ the coupling in equations (1) disappears and then (1) reduces to two completely independent p-tuple equations, namely

$$\sum_{n=1}^{\infty} s_{nj} D_n P_n^1(\cos\theta) = -g(\theta) \qquad \theta \in (\alpha_{j-1}, \alpha_j); \tag{3.1}$$

$$\sum_{n=1}^{\infty} r_{nj} A_n P_n^1(\cos\theta) = -h(\theta) \qquad j = 1, \dots, p \tag{3.2}$$

Note that (3.1) and (3.2) are, in principle, the same equation with the kernel $P_n^1(\cos\theta)$ which we will write also as follows:

$$\sum_{n=1}^{\infty} k_{nj} U_n P_n^1(\cos\theta) = G(\theta), \qquad \theta \in (\alpha_{j-1}, \alpha_j), \qquad j = 1, \dots, p. \tag{4.1}$$

When that is equation (3.1) in question, k_{nj} and $G(\theta)$ are s_{nj} and $(-)g(\theta)$, respectively, while in the case of equation (3.2) they stand for r_{nj} and $(-)h(\theta)$.

The essence of our method is to reduce also for $m \geqq 1$ the original problem (1) to a problem of solving some independent p-tuple equations with the same kernel, namely

$$\sum_{n=m}^{\infty} k_{nj} U_n P_n^m(\cos\theta) = G(\theta), \qquad \theta \in (\alpha_{j-1}, \alpha_j), \qquad j = 1, \dots, p, \tag{4.2}$$

as well as a system of linear algebraic equations.

With regard to equation (4.1) or (4.2), most of the earlier investigations involve cases $p = 2$ or $p = 3$ and the determination of exact solutions to some particular equations [1] whereas practical needs necessitate, sometimes, to find satisfactorily approximate solutions to equations not belonging to these particular classes. However, a general abstract theory covering most of the dual orthogonal series equations occuring in applications has been recently constructed by KELMAN and FEINERMAN [2]. Although this general theory is applicable to any dual equation whenever the mixed boundary conditions to be satisfied are of the second and third kind, it cannot be directly applicable when the problem is p-tuple ($p \geqq 3$). Therefore we shall also develop a new method, which can be used for all $p \geqq 2$ in order to obtain rigorous solutions to the reduced independent equations (4.1—4.2).

In what follows we consider first the case $m = 0$ (section 2) and construct the aformentioned solution method. The case $m \geqq 1$ is considered in section 3. Section 4 is devoted to some remarks while in section 5 we give an illustrative example.

2. The case $m = 0$

When $m = 0$ the system (1) is separated into two independent equations similar to (4.1), namely (3.1) and (3.2). These equations must be solved with the condition (2). By taking into account the fact that the modifiers k_{nj} tend to some nonzero constants when $n \to \infty$, we will now show that the solution to (4.1) and (2) can be obtained by successive iterations if some conditions are met by k_{nj} and $G(\theta)$.

Let $k_{nj} \to k_j$ as $n \to \infty$. By hypothesis k_j is a finite complex number, different from zero. Therefore equation 4.1) can be rearranged as follows:

$$\sum_{n=1}^{\infty} k_j U_n P_n^1(\cos\theta) = G(\theta) - \sum_{n=1}^{\infty} [k_{nj} - k_j]\, U_n P_n^1(\cos\theta). \tag{5}$$

By considering the well known orthogonality property

$$\int_0^{\pi} P_n^m(\cos\theta)\, P_\nu^m(\cos\theta) \sin\theta\, d\theta = \|P_n^m\|^2 \delta_{n\nu}; \qquad m = 0, 1, \dots, \tag{6}$$

we also write

$$U_\nu = a_\nu + \sum_{n=1}^{\infty} Q_{\nu n} U_n, \qquad \nu = 1, 2, \dots, \tag{7}$$

where

$$a_\nu = \|P_\nu^1\|^{-2} \sum_{j=1}^{p} k_j^{-1} \int_{\alpha_{j-1}}^{\alpha_j} G(\theta)\, P_\nu^1(\cos\theta) \sin\theta\, d\theta$$

and

$$Q_{\nu n} = \|P_\nu^1\|^{-2} \sum_{j=1}^{p} [1 - k_{nj}/k_j] \int_{\alpha_{j-1}}^{\alpha_j} P_n^1(\cos\theta)\, P_\nu^1(\cos\theta) \sin\theta\, d\theta.$$

(7) constitutes a classical equation which can be solved formally by successive iterations as follows:

$$U_\nu^{(0)} = a_\nu, \qquad U_\nu^{(\alpha)} = a_\nu + \sum_{n=1}^{\infty} Q_{\nu n} U_n^{(\alpha-1)}, \qquad \alpha = 1, 2, \dots. \tag{8}$$

The following theorem states the sufficient conditions under which the sequence $U_\nu^{(\alpha)}$ is convergent and gives the unique solution to (7), satisfying (2):

Theorem 1: *Let* $t_{jn} = (1 - k_{nj}/k_j)$ *and* $T_{jn}^2 = \|P_n^1\|^{-2} \int_{\alpha_{j-1}}^{\alpha_j} \{P_n^1(\cos\theta)\}^2 \sin\theta\, d\theta$. *If* $G(\theta)\sqrt{\sin\theta} \in L_2[0, \pi]$ *and* $\sum_n \sum_j (|t_{jn}|\, T_{jn})^2 < 1$, *then equation* (7) *has a unique solution which satisfies* (2) *and it can be obtained by successive iterations, in the sense that*

$$\lim_{\alpha\to\infty} \sum_{\nu=1}^{\infty} |U_\nu - U_\nu^{(\alpha)}|^2 \cdot \|P_\nu^1\|^2 \to 0.$$

Proof: Using the notations

$$U_\nu ||P_\nu^1|| = B_\nu; \qquad a_\nu ||P_\nu^1|| = b_\nu; \qquad Q_{\nu n} ||P_\nu^1||/||P_n^1|| = \tilde{Q}_{\nu n},$$

let us rewrite (7) and (2) as

$$B_\nu = b_\nu + \sum_{n=1}^{\infty} \tilde{Q}_{\nu n} B_n, \qquad \nu = 1, 2, \dots, \tag{9.1}$$

$$\sum_{n=1}^{\infty} |B_n|^2 < \infty. \tag{9.2}$$

Hence equation (9.1) is to be solved in the space l_2. We will first prove two simple lemmas.

Lemma 1: *If $G(\theta)\sqrt{\sin\theta} \in L_2[0, \pi]$, then $b = (b_1, b_2, \dots) \in l_2$.*

Indeed, let $f(\theta)$ and $\Pi_\nu(\theta)$ be defined by

$$f(\theta) = G(\theta)/k_j, \qquad \theta \in (\alpha_{j-1}, \alpha_j), \qquad j = 1, \dots, p,$$

and

$$\Pi_\nu(\theta) = ||P_\nu^1||^{-1} P_\nu^1(\cos\theta), \quad ||\Pi_\nu|| = 1.$$

Then, for

$$b_\nu = \int_0^\pi f(\theta)\,\Pi_\nu(\theta) \sin\theta \, d\theta$$

one writes

$$\sum_1^\infty |b_\nu|^2 \leqq \int_0^\pi |f(\theta)|^2 \sin\theta \, d\theta \qquad \text{(BESSEL's inequality)}.$$

This proves the lemma.

Lemma 2: *For $\tilde{Q}_{\nu n}$ defined as above one has $\sum_\nu |\tilde{Q}_{\nu n}|^2 \leqq \sum_j (|t_{jn}|\, T_{jn})^2$.*

Indeed, let us now define $G_1(n, \theta)$ as follows:

$$G_1(n, \theta) = t_{jn} \Pi_n(\theta), \qquad \theta \in (\alpha_{j-1}, \alpha_j), \qquad j = 1, \dots, p.$$

Then, as above,

$$\tilde{Q}_{\nu n} = \int_0^\pi G_1(n, \theta)\,\Pi_\nu(\theta) \sin\theta \, d\theta$$

and

$$\sum_{\nu=1}^\infty |\tilde{Q}_{\nu n}|^2 \leqq \int_0^\pi |G_1(n, \theta)|^2 \sin\theta \, d\theta \qquad \text{(BESSEL's inequality)},$$

hence

$$\sum_{\nu=1}^\infty |\tilde{Q}_{\nu n}|^2 \leqq \sum_j |t_{jn}|^2 \, T_{jn}^2.$$

Now suppose that the conditions stated in theorem 1 are met. Then, $(b_1, b_2, \dots) \in l_2$ and the right-hand sides of (9.1) yield an operator mapping l_2 onto l_2. Accordingly, since $\sum_n \sum_\nu |\tilde{Q}_{\nu n}|^2 < 1$, the principle of contraction mappings [3] is also applicable., i.e. the sequence

$$B_\nu^{(0)} = b_\nu, \qquad B_\nu^{(\alpha)} = b_\nu + \sum_{n=1}^\infty \tilde{Q}_{\nu n} B_n^{(\alpha-1)}, \qquad \alpha = 1, 2, \dots, \tag{10}$$

is convergent in l_2 and gives the unique solution of (9.1)—(9.2), so that

$$\lim_{\alpha\to\infty} \sum_{\nu=1}^\infty |B_\nu - B_\nu^{(\alpha)}|^2 \to 0.$$

This proves theorem 1.

3. The case $m \geqq 1$

In the case of $m \geqq 1$ two equations in (1) are coupled and therefore we don't have any possibility of using directly an orthogonality relation. In what follows we shall first show that problem (1) can always be reduced to $2(2p-1)$ independent p-tuple equations similar to (4.2) as well as a system of linear algebraic equations, and then give its solution.

3.1. Reduction to independent equations

By adding and substracting the equations in (1) we first obtain

$$\sum_{n=m}^\infty (r_{nj} A_n \pm s_{nj} D_n)\, K_n^\pm(\theta) = g(\theta) \pm h(\theta); \qquad \theta \in (\alpha_{j-1}, \alpha_j), \qquad j = 1, \dots, p, \tag{11}$$

where $K_n^+(\theta)$ and $K_n^-(\theta)$ are defined by

$$K_n^{\pm}(\theta) = m \frac{P_n^m(\cos\theta)}{\sin\theta} \pm P_n'^m(\cos\theta)\sin\theta . \tag{12}$$

Henceforth, in all formulas containing the double signs $(\pm)$, either the upper or lower signs must be considered. Also, θ must be considered in the strip $\alpha_{j-1} < \theta < \alpha_j$ in all equations containing the index j.

A straightforward calculation shows that the functions $K_n^{\pm}$ can also be written as follows:

$$K_n^{\pm}(\theta) = \mp [\operatorname{tg}\theta/2]^{\pm m} \frac{d}{d\theta}\{[\operatorname{tg}\theta/2]^{\mp m} P_n^m(\cos\theta)\} . \tag{13}$$

Substituting this into (11) and integrating once with respect to θ one obtains

$$\sum_{n=m}^{\infty}(r_{nj}A_n \pm s_{nj}D_n)P_n^m(\cos\theta) = \mp[\operatorname{tg}\theta/2]^{\pm m}\int_{\beta_{j-1}}^{\theta}[\operatorname{tg}\psi/2]^{\mp m}\{g(\psi) \pm h(\psi)\}\,d\psi + 2C_j^{\pm}[\operatorname{tg}\theta/2]^{\pm m} \tag{14}$$

where the constants β_j, C_j^+ and C_j^- are defined as follows:

$$\beta_j = \alpha_j , \quad j = 0, 1, \dots, (p-2); \qquad \beta_{p-1} = \pi;$$

$$C_j^{\pm} = \frac{1}{2}\left[\operatorname{tg}\frac{1}{2}\beta_{j-1}\right]^{\mp m}\sum_{n=m}^{\infty}\{r_{nj}A_n \pm s_{nj}D_n\}P_n^m(\cos\beta_{j-1}) , \qquad j = 1, \dots, p . \tag{15}$$

The convergence of the integrals in (14) must be guaranteed by $g(\theta)$ and $h(\theta)$ (cf. section 4, remark 2°). For the integration in the last strip we prefer to write $\int_{\pi}^{\theta}(.)\,d\psi$ rather than $\int_{\alpha_{p-1}}^{\theta}(.)\,d\psi$, because in this form C_p^+ will become zero as well as C_1^-. Indeed, from the well known identities

$$P_n^m(u) = (-1)^m(1-u^2)^{m/2}\frac{d^m P_n(u)}{du^m} , \qquad u = \cos\theta ,$$

and $\operatorname{tg}\theta/2 = [(1-u)/(1+u)]^{1/2}$ we derive

$$[\operatorname{tg}\theta/2]^{\pm m}P_n^m(\cos\theta) = (-1)^m(1 \mp u)^m\frac{d^m P_n(u)}{du^m}$$

which, combined with (15), gives

$$C_1^- = 0 , \qquad C_p^+ = 0 . \tag{16}$$

Now, add and substract the equation in (14) to arrive at

$$\sum_{n=m}^{\infty} r_{nj}A_nP_n^m(\cos\theta) = G^+(\theta) , \qquad \sum_{n=m}^{\infty} s_{nj}D_nP_n^m(\cos\theta) = G^-(\theta) \tag{17.1}$$

with

$$G^{\pm}(\theta) = G_0^{\pm}(\theta) + C_j^+[\operatorname{tg}\theta/2]^m \pm C_j^-[\operatorname{tg}\theta/2]^{-m} , \tag{17.2}$$

$$G_0^{\pm}(\theta) = -\frac{1}{2}[\operatorname{tg}\theta/2]^m\int_{\beta_{j-1}}^{\theta}[\operatorname{tg}\psi/2]^{-m}\{g(\psi)+h(\psi)\}\,d\psi \pm \frac{1}{2}[\operatorname{tg}\theta/2]^{-m}\int_{\beta_{j-1}}^{\theta}[\operatorname{tg}\psi/2]^m\{g(\psi)-h(\psi)\}\,d\psi . \tag{17.3}$$

Because of the unknown constants $C_j^{\pm}$ involved in $G^{\pm}(\theta)$, the apparently independent equations in (17.1) are coupled.

Consider now the following equations written for $\theta \in (\alpha_{j-1}, \alpha_j)$ $j = 1, \dots, p$:

$$\sum_{n=m}^{\infty} r_{nj}A_{nl}^{\pm}P_n^m(\cos\theta) = \delta_{jl}[\operatorname{tg}\theta/2]^{\pm m}\varepsilon_l^{\pm} , \qquad l = 1, \dots, p , \tag{18.1}$$

$$\sum_{n=m}^{\infty} s_{nj}D_{nl}^{\pm}P_n^m(\cos\theta) = \pm\delta_{jl}[\operatorname{tg}\theta/2]^{\pm m}\varepsilon_l^{\pm} , \tag{18.2}$$

$$\sum_{n=m}^{\infty} r_{nj}A_n^{(0)}P_n^m(\cos\theta) = G_0^+(\theta) , \tag{18.3}$$

$$\sum_{n=m}^{\infty} s_{nj}D_n^{(0)}P_n^m(\cos\theta) = G_0^-(\theta) , \tag{18.4}$$

where δ_{jl} stands for Kronecker's symbol, $\varepsilon_l^{\pm} \equiv 1$ except $\varepsilon_p^+ = \varepsilon_1^- = 0$. Since the solutions $A_{np}^+ \equiv A_{n1}^- \equiv D_{np}^+ \equiv D_{n1}^- \equiv 0$ are obvious, the number of the equations in (18.1)—(18.4) is $2(2p-1)$. These equations are all of the form (4.2) with suitable interpretation for k_{nj}, U_n, and $G(\theta)$. Hence, if the conditions of theorem 1 are met when P_n^1 is replaced by P_n^m, then the constants A_{nl}^+, A_{nl}^-, D_{nl}^+, D_{nl}^-, A_n^0 and D_n^0 are unique and they can be determined by sequences similar to (8).

Because of the relation existing between the right hand sides of (17.1) and (18.1—18.4), the solutions to (17.1) are uniquely given by

$$A_n = A_n^{(0)} + \sum_{l=1}^{p-1} A_{nl}^+ C_l^+ + \sum_{l=2}^{p} A_{nl}^- C_l^- , \qquad D_n = D_n^{(0)} + \sum_{l=1}^{p-1} D_{nl}^+ C_l^+ + \sum_{l=2}^{p} D_{nl}^- C_l^- , \tag{19}$$

being taken into account (16). Thus, the solution of the problem (1) will be complete if the constants $C_l^\pm$ are determined. We consider this problem next.

3.2. Determination of the constants $C_j^\pm$

By substituting (19) into (15) we find

$$(\boldsymbol{I} - \boldsymbol{R}^+)\, \boldsymbol{C}^+ - \boldsymbol{R}^- \boldsymbol{C}^- = \boldsymbol{h}^+ , \qquad - \boldsymbol{S}^+ \boldsymbol{C}^+ + (\boldsymbol{I} - \boldsymbol{S}^-)\, \boldsymbol{C}^- = \boldsymbol{h}^- , \tag{20}$$

where $\boldsymbol{C}^\pm$ stands for the vector $\{C_1^\pm, C_2^\pm, \ldots, C_p^\pm\}$, $\boldsymbol{I}$ is the usual unit matrix of dimensions $p \times p$ while the elements of the vectors $\boldsymbol{h}^\pm$ and the square matrices $\boldsymbol{R}^\pm$ and $\boldsymbol{S}^\pm$ are as follows:

$$\begin{aligned} R_{jl}^\pm &= \frac{1}{2}\left[\operatorname{tg}\frac{1}{2}\beta_{j-1}\right]^{-m} \sum_{n=m}^{\infty} \{r_{nj} A_{nl}^\pm + s_{nj} D_{nj}^\pm\}\, P_n^m(\cos\beta_{j-1}); \qquad j, l = 1, \ldots, p , \\ S_{jl}^\pm &= \frac{1}{2}\left[\operatorname{tg}\frac{1}{2}\beta_{j-1}\right]^{m} \sum_{n=m}^{\infty} r_{nj} A_{nl}^\pm - s_{nj}\, D_{nl}^\pm\}\, P_n^m(\cos\beta_{j-1}) , \\ h_j^\pm &= \frac{1}{2}\left[\operatorname{tg}\frac{1}{2}\beta_{j-1}\right]^{\mp m} \sum_{n=m}^{\infty} \{r_{nj} A_n^{(0)} \pm s_{nj} D_n^{(0)}\}\, P_n^m(\cos\beta_{j-1}) , \qquad j = 1, \ldots, p . \end{aligned} \tag{21}$$

All the constants $C_j^\pm$ will, in general, be found from (20) (note that $C_1^- = C_p^+ = 0$ are known beforehand). The solubility of this system is closely related to the structure of the matrix

$$\boldsymbol{M} = \begin{bmatrix} \boldsymbol{I} - \boldsymbol{R}^+ & - \boldsymbol{R}^- \\ - \boldsymbol{S}^+ & \boldsymbol{I} - \boldsymbol{S}^- \end{bmatrix}$$

and we shall state it in

Theorem 2: *Let the conditions of theorem 1 are met (when P_n^1 is replaced by P_n^m) for all the equations* (18.1—18.4). *If for the sets $A_{nl}^\pm$ and $D_{nl}^\pm$ obtained uniquely from* (18.1) *and* (18.2) *the rank of M is equal to $2p$, then the system* (1) *has a unique solution given by* (19) *with $C_j^\pm$ obtained from* (20).

4. Some remarks

1°) Since $T_{jn}^2 \leqq 1$ for all j and n (and also for all $m \geqq 0$), $\sum_n \sum_j |t_{jn}|^2 < 1$ yields $\sum_n \sum_\nu |\tilde{Q}_{n\nu}|^2 < 1$; i.e., if the inequality $\sum_n \sum_j |t_{jn}|^2 < 1$ is met, then $\sum_n \sum_\nu |\tilde{Q}_{n\nu}|^2 < 1$ is satisfied all the more and hence the sequence (8) converges.

2°) Because of the equalities (16) the first condition of theorem 1, namely $G(\theta)\sqrt{\sin\theta} \in L_2[0, \pi]$ is obviously satisfied for all the equations (18.1)—(18.2). With regard to equations (18.3)—(18.4), this condition is ensured when $g(\theta)$ and $h(\theta)$ are so that $[g(\theta) + h(\theta)]\,\theta^{-m}$ and $[g(\theta) - h(\theta)]\,(\pi - \theta)^{-m}$ are integrable in $0 \leqq \theta \leqq \alpha_1$ and $\alpha_{p-1} \leqq \theta \leqq \pi$, respectively. (These conditions guarantee also the convergence of the integrals in (14).)

It is an easy matter to show that in scattering problems $g(\theta)$ and $h(\theta)$ have always the above mentioned properties. For the right hand sides of (1) are composed in terms of the incident field components in the same way that the left hand sides are composed in terms of the scattered field components. Hence, from (11) we deduce that $g + h$ can be expanded in a series of the functions $K_n^+(\theta)$. According to (13), $K_n^+(\theta)\,\theta^{-m}$ are continuous in the interval $0 \leqq \theta \leqq \alpha_1$. This shows that $(g + h)\,\theta^{-m}$ is integrable in $0 \leqq \theta \leqq \alpha_1$. By similar arguments we can conclude that $(g - h)\,(\pi - \theta)^{-m}$ is integrable in $\alpha_{p-1} \leqq \theta \leqq \pi$.

3°) The case when the coefficients are independent of j.

Suppose that both r_{nj}'s and s_{nj}'s are independent of j. In this case equation (11) can be solved exactly without resorting to further developments. To this end, observe first that the functions $K_n^+(\theta)$ $(n = m, m + 1, \ldots)$ constitute an orthogonal set in the interval $(0, \pi)$ with the weighting function $\sin\theta$; namely

$$\int_0^\pi K_n^+(\theta)\, K_\nu^+(\theta) \sin\theta \,\mathrm{d}\theta = \frac{(\nu + m)!\, 2\nu(\nu + 1)}{(\nu - m)!\, (2\nu + 1)}\, \delta_{n\nu}; \qquad n, \nu = m, m + 1, \ldots; \qquad m = 0, 1, \ldots . \tag{22}$$

This is also true for $K_n^-(\theta)$. Hence, from (11) we first derive

$$r_n A_n \pm s_n D_n = \frac{(n - m)!\, (2n + 1)}{(n + m)!\, 2n(n + 1)} \sum_{j=1}^{p} \int_{\alpha_{j-1}}^{\alpha_j} \{g(\theta) \pm h(\theta)\}\, K_n^\pm(\theta) \sin\theta \,\mathrm{d}\theta$$

from which the final solution can be obtained simply by adding and subtracting.

4°) The case when the coefficients are independent of n.

The case where the coefficients r_{nj} and s_{nj} are all independent of n is extremely important in the application. Indeed, if infinite series are replaced by finite series and the radius of the sphere is large or small compared with the wave length, then this case is a very good approximation.

Let us put in (18.1)—(18.4) $r_{nj} \equiv r_j$ and $s_{nj} \equiv s_j$, and take into account the orthogonality relation (6) to find

$$A_n^{(0)} = -\frac{(n-m)!\,(2n+1)}{(n+m)!\,4} \sum_{j=1}^{p} \frac{1}{r_j} \int_{\alpha_{j-1}}^{\alpha_j} \int_{\beta_{j-1}}^{0} \left\{ \left[\frac{\mathrm{tg}\,\theta/2}{\mathrm{tg}\,\psi/2}\right]^m [g(\psi) + h(\psi)] - \right.$$

$$\left. - \left[\frac{\mathrm{tg}\,\psi/2}{\mathrm{tg}\,\theta/2}\right]^m [g(\psi) - h(\psi)] \right\} P_n^m(\cos\theta) \sin\theta \, d\psi \, d\theta ,$$

$$D_n^{(0)} = -\frac{(n-m)!\,(2n+1)}{(n+m)!\,4} \sum_{j=1}^{p} \frac{1}{s_j} \int_{\alpha_{j-1}}^{\alpha_j} \int_{\beta_{j-1}}^{0} \left\{ \left[\frac{\mathrm{tg}\,\theta/2}{\mathrm{tg}\,\psi/2}\right]^m [g(\psi) + h(\psi)] + \right.$$

$$\left. + \left[\frac{\mathrm{tg}\,\theta/2}{\mathrm{tg}\,\psi(2)}\right]^{-m} [g(\psi) - h(\psi)] \right\} P_n^m(\cos\theta) \sin\theta \, d\psi \, d\theta ,$$

$$A_{nj}^{\pm} = \frac{(n-m)!\,(2n+1)}{(n+m)!\,2} \cdot \frac{1}{r_j} \int_{\alpha_{j-1}}^{\alpha_j} [\mathrm{tg}\,\theta/2]^{\pm m} P_n^m(\cos\theta) \sin\theta \, d\theta ; \qquad D_{nj}^{\pm} = \pm \frac{r_j}{s_j} A_{nj}^{\pm} , \qquad j = 1, \dots, p .$$

The constants $C_j^{\mp}$ are determined from (20).

The case $r_j/s_j =$ constant $(j = 1, \dots, p)$ is more interesting. In such a case equation (11) can be solved immediately by taking into account the orthogonality relation (22):

$$A_n \pm \frac{s_j}{r_j} D_n = \frac{(n-m)!\,(2n+1)}{(n+m)!\,2n(n+1)} \sum_{j=1}^{p} \frac{1}{r_j} \int_{\alpha_{j-1}}^{\alpha_j} \{g(\theta) \pm h(\theta)\} \, K_n^{\pm}(\theta) \sin\theta \, d\theta .$$

A_n and D_n are obtained from these by adding and subtracting.

It is worthwhile to point out that the last case considered above is identical with the following more general case: All r_{nj} (or s_{nj}) are independent of n while s_{nj}/r_{nj} are independent of j.

5. An illustrative Example

Consider a spherical closed surface S, divided into p strips having different impedances by the circles of latitude $\theta = \alpha_j$ $(j = 0, 1, \dots, p)$, with $0 = \alpha_0 < \alpha_1 < \dots < \alpha_p = \pi$. We will formulate now the problem of scattering of an arbitrary electromagnetic wave by S. The time dependence $e^{+i\omega t}$ is supposed and suppressed throughout. The space is a homogeneous and isotropic medium with parameters ε, μ and σ.

Let r, θ, φ denote the usual spherical coordinates such that the surface S is expressed by $r = a$. Let the impedance of the strip $\alpha_{j-1} < \theta < \alpha_j$ be denoted by $Z_j (j = 1, \dots, p)$. Then the boundary conditions to be considered on S are

$$(\mathrm{A}_1) \qquad (E_\theta^i + E_\theta^s) + Z_j(H_\varphi^i + H_\varphi^s) = 0, \qquad (E_\varphi^i + E_\varphi^s) - Z_j(H_\theta^i + H_\theta^s) = 0 , \qquad j = 1, \dots, p ,$$

where E_θ^i, H_φ^i and E_θ^s, H_φ^s denote the usual components of the incident and the scattered field, respectively.

As is well known, in the most general case the scattered field can be expressed in terms of two scalar functions, F^s and A^s, say, satisfying the homogeneous Helmholtz equation $\Delta u + k^2 u = 0$ [cf. 4]. Let their expansions in series of tesseral harmonics be

$$(\mathrm{A}_2) \qquad \begin{cases} F^s = \sum_{n=0}^{\infty} \sum_{m=0}^{n} \hat{H}_n^{(2)}(kr)\, P_n^m(\cos\theta) \begin{matrix} \cos m\varphi a_{nm} \\ \sin m\varphi b_{nm} \end{matrix} \\ A^s = \sum_{n=0}^{\infty} \sum_{m=0}^{n} \hat{H}_n^{(2)}(kr)\, P_n^m(\cos\theta) \begin{matrix} \cos m\varphi c_{nm} \\ \sin m\varphi d_{nm} \end{matrix} . \end{cases}$$

According to the notation used in [4]; $\hat{H}_n^{(2)}$ and k have the following meanings:

$$\hat{H}_n^{(2)}(z) = \sqrt{\frac{\pi z}{2}}\, H_{n+1/2}^{(2)}(z) , \qquad k^2 = \omega^2 \varepsilon\mu - i\omega\mu\sigma ,$$

where $H_\nu^{(2)}(z)$ denotes the usual Hankel function.

Using the formulas which give the components E_θ^s and E_φ^s in terms of F^s, A^s [cf. 4] we translate first the conditions (A_1) into (in what follows H_n and H_n' stand for $\hat{H}_n^{(2)}(ka)$ and $\hat{H}_n'^{(2)}(ka)$, respectively)

$$(A_3)\quad \begin{cases} \sum\limits_{n=m}^{\infty} m r_{nj} \dfrac{P_n^m(\cos\theta)}{\sin\theta} A_{nm} + s_{nj} P_n'^m(\cos\theta)\sin\theta\, D_{nm} = -\dfrac{a}{\pi}\displaystyle\int_0^{2\pi} \{E_\theta^i + Z_j H_\varphi^i\}_{r=a} \sin m\varphi\, d\varphi\,. \\ \sum\limits_{n=m}^{\infty} m s_{nj} \dfrac{P_n^m(\cos\theta)}{\sin\theta} D_{nm} + r_{nj} P_n'^m(\cos\theta)\sin\theta\, A_{nm} = \dfrac{a}{\pi}\displaystyle\int_0^{2\pi} \{E_\varphi^i - Z_j H_\theta^i\}_{r=a} \cos m\varphi\, d\varphi\,. \end{cases}$$

and

$$(A_4)\quad \begin{cases} \sum\limits_{n=m}^{\infty} m r_{nj} \dfrac{P_n^m(\cos\theta)}{\sin\theta} B_{nm} + s_{nj} P_n'^m(\cos\theta)\sin\theta\, C_{nm} = -\dfrac{a}{\pi}\displaystyle\int_0^{2\pi} \{E_\theta^i + Z_j H_\varphi^i\}_{r=a} \cos m\varphi\, d\varphi \\ \sum\limits_{n=m}^{\infty} m s_{nj} \dfrac{P_n^m(\cos\theta)}{\sin\theta} C_{nm} + r_{nj} P_n'^m(\cos\theta)\sin\theta\, B_{nm} = -\dfrac{a}{\pi}\displaystyle\int_0^{2\pi} \{E_\varphi^i - Z_j H_\theta^i\}_{r=a} \sin m\varphi\, d\varphi \end{cases}$$

where $m = 0, 1, \dots,$ and

$$(A_5)\qquad r_{nj} = \frac{H_n - \frac{k}{\hat{z}} Z_j H_n'}{H_n - \frac{k}{\hat{z}} Z_1 H_n'}\,, \qquad s_{nj} = \frac{\frac{k}{\hat{y}} H_n' - Z_j H_n}{\frac{k}{\hat{y}} H_n' - Z_1 H_n}\,, \qquad j = 1, \dots, p$$

$$\hat{y} = \sigma + i\omega\varepsilon, \qquad \hat{z} = i\omega\mu, \qquad -\hat{y}\hat{z} \equiv k^2\,,$$

and

$$B_{nm} = b_{nm}\left\{-H_n + \frac{k}{\hat{z}} Z_1 H_n'\right\}, \qquad C_{nm} = c_{nm}\left\{-\frac{k}{\hat{y}} H_n' + Z_1 H_n\right\},$$

$$A_{nm} = a_{nm}\left\{H_n - \frac{k}{\hat{z}} Z_1 H_n'\right\}, \qquad D_{nm} = d_{nm}\left\{-\frac{k}{\hat{y}} H_n' + Z_1 H_n\right\}.$$

The systems (A3) and (A4) are obviously similar to the system (1) and the condition (2) must be fulfilled for the sets $\{A_{nm}\}$, $\{B_{nm}\}$, $\{C_{nm}\}$ and $\{D_{nm}\}$ for all fixed m.

For $n \to \infty$ we have

$$(A_6)\qquad r_{nj} \to r_j = Z_j/Z_1 \quad\text{and}\quad s_{nj} \to s_j = 1\,.$$

Hence, if all the impedances are finite and different from zero, then the basic hypothesis, namely r_j, $s_j \neq 0, \infty$, is satisfied.

From (A_6) we see that the sufficient conditions stated in section 4, 1°), namely

$$\sum_n \sum_j |1 - r_{nj}/r_j|^2 < 1\,, \qquad \sum_n \sum_j |1 - s_{nj}/s_j|^2 < 1$$

are met if

$$\sum_{j=1}^{p} \left|1 - \frac{Z_1}{Z_j}\right|^2 < \left\{\sum_{n=m}^{\infty} \left|1 - \frac{k}{\hat{z}} Z_1 H_n'/H\right|^{-2}\right\}^{-1}, \qquad \sum_{j=1}^{p} |Z_j - Z_1|^2 < \left\{\sum_{n=m}^{\infty} \left|Z_1 - \frac{k}{\hat{y}} H_n'/H_n\right|^{-2}\right\}^{-1}.$$

The argument of the HANKEL functions appearing in (A_5) is equal to $ka = 2\pi(a/\lambda)$. If the infinite series in (A_2) are replaced by finite series and the wave length λ is sufficiently small compared with the radius a, then the values of r_{nj} and s_{nj} can be well approximated by using asymptotic expressions for HANKEL functions. Thus, for $(a/\lambda) \gg n$ we write

$$r_{nj} \cong \frac{Z_j - (\hat{z}/k)\, i}{Z_1 - (\hat{z}/k)\, i} \equiv r_j\,, \qquad s_{nj} \cong r_j\,, \qquad j = 1, 2, \dots, p\,.$$

This is the case considered in section 4, 4°).

Consider, as an example, the case where the incident field is the plane wave

$$\vec{E}^i = e^{ikz}\vec{e}_x\,, \qquad \vec{H}^i = -\frac{1}{\eta} e^{ikz}\vec{e}_y\,, \qquad (\eta = \sqrt{\mu/\varepsilon})\,.$$

From (A_3) and (A_4) one obtains

$$A_{nm} \equiv D_{nm} \equiv 0 \text{ for all } n, m; \quad B_{nm} \equiv C_{nm} \equiv 0 \text{ for } m \neq 1$$

and

$$\sum_{n=1}^{\infty} r_{nj} B_{n1} \frac{P_n^1(\cos \theta)}{\sin \theta} + s_{nj} C_{n1} P_n'^1(\cos \theta) \sin \theta = g(\theta) = - a\, e^{ika \cos \theta} \left(\cos \theta - \frac{Z_j}{\eta}\right),$$

$$\sum_{n=1}^{\infty} s_{nj}\, C_{n1} \frac{P_n^1(\cos \theta)}{\sin \theta} + r_{nj} B_{n1} P_n'^1(\cos \theta) \sin \theta = h(\theta) = a\, e^{ika \cos \theta} \left(1 - \frac{Z_j}{\eta} \cos \theta\right).$$

This shows that one has

$$g(\theta) + h(\theta) = \left(1 + \frac{Z_j}{\eta}\right) a\, e^{ika \cos \theta} (1 - \cos \theta), \qquad g(\theta) - h(\theta) = \left(1 - \frac{Z_j}{\eta}\right) a\, e^{ika \cos \theta} (1 + \cos \theta),$$

which verify section 4.2°.

6. Conclusion

The above investigation shows that the problem of (1)—(2) is reduced to solve $2(2p - 1)$ (or two) independent p-tuple series equations as well as a system of linear algebraic equations. If the conditions of theorem 1 and theorem 2 are met, then the solution is unique and it can be determined by successive iterations.

When the coefficients are all independent of j or n, the explicit solution can be obtained easily.

References

1 SNEDDON, I. N., Mixed Boundary Value Problems in Potential Theory, North-Holland Pub. Comp. 1966.
2 KELMAN, R. B.; FEINERMAN, R. P., Dual orthogonal series, SIAM J. Math. Analysis 5, 489—502 (1974).
3 SMIRNOV, V. I., Higher Mathematics, Pergamon Press 1964, pp. 264—269.
4 HARRINGTON, R. F., Time-harmonic Electromagnetic Fields, McGraw-Hill 1961, pp. 269.

Eingereicht: 28. 9. 1976

Anschrift: Dr. MITHAT IDEMEN, Faculty of Electrical Engineering, Technical University of Istanbul, and Applied Mathematics Division, Marmara Research Institute, Gebze, Kocaeli, Turkey

ZAMM 58, 233 – 237 (1978)

GERHARD MAESS / WOLFGANG PETERS

Lösung inkonsistenter linearer Gleichungssysteme und Bestimmung einer Pseudoinversen für rechteckige Matrizen durch Spaltenapproximation

Die auf Kiesewetter und Albrand zurückgehende Methode der Spaltenapproximation, eine Variante der von Householder und Bauer untersuchten Klasse von Projektionsverfahren, eignet sich zur iterativen Lösung über- und unterbestimmter linearer Gleichungssysteme. Sie führt die Lösung großer Systeme auf die wiederholte Lösung kleiner Teilsysteme zurück, ist also auch anwendbar, wenn die Koeffizientenmatrix zu groß für den Kernspeicher der Rechenanlage ist. In der vorliegenden Arbeit wird das Verfahren im Fall inkonsistenter Gleichungssysteme analysiert. Die Näherungen konvergieren gegen eine Pseudolösung, die beste Approximation im Sinne der Methode der kleinsten Quadrate ist. Mit Hilfe einer verallgemeinerten Inversen ((1, 2, 3)-Inversen) X der Ausgangsmatrix kann die allgemeine Lösung bzw. Pseudolösung explizit angegeben werden. Hat die Ausgangsmatrix maximalen Spaltenrang, so ist X identisch mit der Moore-Penroseschen Pseudoinversen A^+, und mit dem Startvektor $\boldsymbol{x} = \boldsymbol{O}$ konvergiert die Iteration gegen die normkleinste Lösung bzw. Pseudolösung $A^+\boldsymbol{b}$.

The method of column approximation is suitable for the iterative solution of consistent and inconsistent systems of linear equations. It traces back to Kiesewetter and Albrand and represents a variant of the class of projection procedures studied by Householder and Bauer. It reduces the solution of large systems to the repeated solution of small subsystems, i.e. it is applicable even when the size of the matrix of coefficients surmounts the inner storage capacity of the computer. In the present paper the procedure is analyzed for the case of inconsistent systems of equations. The approximations converge to a pseudosolution being the best approximation in the sense of the method of least squares. By the use of a generalized inverse ((1, 2, 3)-inverse) X of the initial matrix it is possible to obtain the general solution or the pseudosolution, respectively in an explicit form. If the initial matrix has maximal column rang then X is identical with the Moore-Penrose pseudoinverse A^+. Taking $\boldsymbol{x} = \boldsymbol{O}$ as a starting vector the iteration converges to the minimum solution or pseudo solution $A^+\boldsymbol{b}$.

Метод аппроксимации по столбцам, возвращающийся к Кизеветтеру и Альбранду и являющийй вариантой класса проекционных методов, который изучался Хаусхолдером и Бауером, пригодится для итеративного решения совместных и несовместных систем линейных уравнений. Этот метод сводит решение больших систем на повторичное решение малых подсистем, т.е. метод применим и в случае, если обчем матрицы коэффициентов переходит емкость запомиающего устройства на магнитых сердечниках ЭВМ. В данной работе метод анализируется в случае несовместных систем уравнении. Приближения сходятся к псевдо-решению являющему наилучшим приближением в смысле метода наименьших квадратов. С помощью обобщенной обратной ((1,2,3)-обратной) матрицы X исходной матрицы можно определить общее или псевдо-решение в явном форме. Если исходная матрица имеет максимальный ранг по столбцам, потом X совпадает с псевдо-обратной матрицей A^+ Мура-Пенроза и применая исходным вектором $\boldsymbol{x} = \boldsymbol{O}$ итерация сходится к наименьшему по норму решению или псевдорешению $A^+\boldsymbol{b}$.

In dem linearen Gleichungssystem

$$A\boldsymbol{x} = \boldsymbol{b} \tag{1}$$

sei A eine $M \times N$-Matrix und $\boldsymbol{x} \in R^N$, $\boldsymbol{b} \in R^M$. Wir verwenden die Methode der Spaltenapproximation (vgl. [1], [2]), die sich in die von HOUSEHOLDER und BAUER [3] untersuchte Klasse von Projektionsverfahren einordnet, in der in [4] beschriebenen Form

$$\boldsymbol{x}^{n+1} = T_n\boldsymbol{x}^n + \boldsymbol{v}_n \tag{2}$$

mit den zyklisch benutzten N_0 Projektionsmatrizen

$$T_n = I_N - D_n A\,, \qquad n = 1, 2, \dots, N_0\,, \qquad T_{n+N_0} = T_n \tag{3}$$

und den Absolutgliedern

$$\boldsymbol{v}_n = D_n\boldsymbol{b}\,. \tag{4}$$

Dabei bezeichnet I_N die $N \times N$-Einheitsmatrix, und die D_n sind durch

$$D_n = E_n(E_n^\top A^\top A E_n)^{-1} E_n^\top A^\top\,, \qquad n = 1, 2, \dots, N_0\,, \tag{5}$$

definiert. Die E_n sind $N \times L$-Matrizen, die L $(L < N)$-Spalten von I_N enthalten. Sie sind so zu wählen, daß die zugehörigen Spalten $\boldsymbol{s}_j$, $j \in K_n$ (K_n Indexmengen, $K_n \subset \{1, 2, \dots, N\}$) der Ausgangsmatrix A linear unabhängig, die GRAMschen Matrizen $E_n^\top A^\top A E_n$ also invertierbar sind und alle vom Nullvektor verschiedenen Spalten von A in mindestens einer dieser GRAMschen Matrizen auftreten. Für den zur Näherung $\boldsymbol{x}^{n+1}$ gehörenden Restvektor ergibt sich

$$\boldsymbol{r}^{n+1} = \boldsymbol{b} - A\boldsymbol{x}^{n+1} = \boldsymbol{b} - A(T_n\boldsymbol{x}^n + \boldsymbol{v}_n)\,,$$

und mit (4), (5)

$$\boldsymbol{r}^{n+1} = S_n\boldsymbol{r}^n\,, \qquad S_n = I_M - AD_n\,. \tag{6}$$

Die Konvergenzuntersuchung kann ähnlich geführt werden wie bei TANABE [5] für das Verfahren von KACZMARZ (vgl. auch [6], [7]). Nur muß man hier die Restiteration (6) benutzen, da die Iterationsmatrizen T_n in (2) nicht die benötigten Orthogonalitätseigenschaften besitzen. Für den durch (6) definierten Operator S_n gilt der folgende

Satz 1: *S_n ist orthogonaler Projektor im R^M, sein Wertebereich ist orthogonal zum Unterraum* $U_n = \text{span}\,\{s_j,\ j \in K_n\}$.

Beweis: Durch Einsetzen bestätigt man sofort, daß S_n idempotent und symmetrisch ist,

$$S_n^2 = S_n\,, \qquad S_n^{\mathsf T} = S_n\,, \qquad n = 1, 2, \dots, N_0\,. \tag{7}$$

Im n-ten Schritt des Verfahrens wird die bezüglich der EUKLIDischen Norm beste Approximation des Restvektors $\boldsymbol{r}^n$ im Unterraum U_n bestimmt, also ist $\boldsymbol{r}^{n+1} = S_n \boldsymbol{r}^n$ orthogonal zu allen Spalten von U_n,

$$\boldsymbol{r}^{n+1} \in U_n^{\perp} = \{\boldsymbol{z} \mid \boldsymbol{z} \in R^M\,,\ (\boldsymbol{z}, \boldsymbol{s}_j) = 0,\ j \in K_n\}\,. \tag{8}$$

Wir fassen nun je N_0 Teilschritte des Verfahrens zu einem Zyklus zusammen und bezeichnen nur noch jedes N_0-te $\boldsymbol{x}^n$ bzw. $\boldsymbol{r}^n$ als neuen Näherungs- bzw. Restvektor:

$$\boldsymbol{x}^{n+1} = T\boldsymbol{x}^n + \boldsymbol{v}\,, \qquad T = T_{N_0} T_{N_0-1} \dots T_2 T_1\,, \tag{9}$$

$$\boldsymbol{r}^{n+1} = S\boldsymbol{r}^n\,, \qquad S = S_{N_0} S_{N_0-1} \dots S_2 S_1\,. \tag{10}$$

Für das Absolutglied

$$\boldsymbol{v} = T_{N_0} \dots T_2 \boldsymbol{v}_1 + T_{N_0} \dots T_3 \boldsymbol{v}_2 + \dots + T_{N_0} \boldsymbol{v}_{N_0-1} + \boldsymbol{v}_{N_0}$$

des nunmehr stationären Iterationsverfahrens (9) führen wir die Schreibweise

$$\boldsymbol{v} = Q\boldsymbol{b}\,, \qquad Q = \sum_{i=1}^{N_0} Q_i D_i\,, \qquad Q_{N_0} = I_N\,, \qquad Q_i = T_{N_0} \dots T_{i+1}\,, \qquad i = 1, \dots, N_0 - 1. \tag{11}$$

ein und beweisen

Satz 2: *Nach einem Zyklus (N_0 Teilschritten) ist $\boldsymbol{r}$ genau dann unverändert, wenn $\boldsymbol{r}$ dem Nullraum von $A^{\mathsf T}$ angehört:*

$$S\boldsymbol{r} = \boldsymbol{r} \Leftrightarrow \boldsymbol{r} \in \mathcal{N}(A^{\mathsf T})\,. \tag{12}$$

Beweis:

1) Es sei zunächst $\boldsymbol{r} \in \mathcal{N}(A^{\mathsf T})$, also $A^{\mathsf T}\boldsymbol{r} = \boldsymbol{0}$; d.h., $\boldsymbol{r}$ ist orthogonal zu allen Spalten von A und damit auch zu allen U_i. Folglich ist $\boldsymbol{r} \in U_i^{\perp}$, liegt also im Wertebereich jedes der Projektoren S_i. In seinem Wertebereich wirkt ein Projektor wegen (7) wie der identische Operator:

$$S_i \boldsymbol{r} = \boldsymbol{r}\,, \qquad \boldsymbol{r} \in U_i^{\perp}\,, \qquad i = 1, 2, \dots, N_0\,. \tag{13}$$

Da S das Produkt der S_i ist, ergibt sich $S\boldsymbol{r} = \boldsymbol{r}$.

2) Zum Beweis der Gegenrichtung nehmen wir an, es gäbe ein $\boldsymbol{r} \neq \boldsymbol{0}$ mit $S\boldsymbol{r} = \boldsymbol{r}$, das nicht im Nullraum von $A^{\mathsf T}$ liegt. Es wäre also $A^{\mathsf T}\boldsymbol{r} \neq \boldsymbol{0}$, d. h., es gäbe mindestens eine Spalte $\boldsymbol{s}_k$ aus der Matrix A, für die $\boldsymbol{s}_k^{\mathsf T}\boldsymbol{r} \neq \boldsymbol{0}$ ist. Sei U_i ein Unterraum, der diese Spalte enthält, dann ist $\boldsymbol{r}$ nicht orthogonal zu U_i, d. h., es gibt ein $\boldsymbol{y} \in U_i$, $\boldsymbol{y} \neq \boldsymbol{0}$ mit $S_i\boldsymbol{r} = \boldsymbol{r} - \boldsymbol{y}$, also

$$\|S_i\boldsymbol{r}\|^2 = (S_i\boldsymbol{r}, S_i\boldsymbol{r}) = (\boldsymbol{r} - \boldsymbol{y}, \boldsymbol{r} - \boldsymbol{y}) = (\boldsymbol{r}, \boldsymbol{r}) - (\boldsymbol{y}, \boldsymbol{y}) < \|\boldsymbol{r}\|^2\,. \tag{14}$$

Sei U_i der erste Unterraum im Zyklus, für den die Ungleichung (14) gilt. Dann ist $\boldsymbol{r}$ orthogonal zu $U_1, U_2, \dots, U_{i-1}$, und es folgt wegen (13) $S_{i-1}S_{i-2} \dots S_2 S_1 \boldsymbol{r} = \boldsymbol{r}$, also ist

$$\|S_i S_{i-1} \dots S_2 S_1 \boldsymbol{r}\| < \|\boldsymbol{r}\|\,, \tag{15}$$

und nach Anwendung der restlichen Projektoren $S_{i+1}, \dots, S_{N_0}$ bleibt diese Ungleichung erhalten, denn die Norm eines orthogonalen Projektors ist gleich 1:

$$\|S_{N_0} S_{N_0-1} \dots S_2 S_1 \boldsymbol{r}\| = \|S\boldsymbol{r}\| < \|\boldsymbol{r}\|\,. \tag{16}$$

Das ist ein Widerspruch zur Annahme $S\boldsymbol{r} = \boldsymbol{r}$.

Folgerung 1: *Gilt* (12), *so ist der zugehörige $\boldsymbol{x}$-Vektor „Lösung" des Ausgangssystems* (1) *im Sinne der Methode der kleinsten Quadrate, d. h. Lösung des Systems, das sich durch* GAUSS*-Transformation aus* (1) *ergibt*:

$$A^{\mathsf T}\boldsymbol{r} = A^{\mathsf T}\boldsymbol{b} - A^{\mathsf T}A\boldsymbol{x} = \boldsymbol{0}\,. \tag{17}$$

Folgerung 2: *Die Iterationsmatrix S hat die Norm* 1 *dann und nur dann, wenn* $\operatorname{Rg} A < M$ *ist.*

Beweis: Ist $\operatorname{Rg} A < M$, so hat das Gleichungssystem $A^{\mathsf T}\boldsymbol{r} = \boldsymbol{0}$ eine nichttriviale Lösung $\boldsymbol{r} \neq \boldsymbol{0}$, sie liegt im Nullraum von $A^{\mathsf T}$ und genügt nach Satz 2 der Gleichung $S\boldsymbol{r} = \boldsymbol{r}$. Daraus folgt wegen $\|S\boldsymbol{r}\| \leqq \|S\| \cdot \|\boldsymbol{r}\| \leqq \|\boldsymbol{r}\|$ sofort $\|S\| = 1$.

Sei umgekehrt $\|S\| = 1$. Dann gibt es ein $\boldsymbol{r} \neq \boldsymbol{0}$ mit $\|S\boldsymbol{r}\| = \|\boldsymbol{r}\|$. Dieses $\boldsymbol{r}$ liegt in $\mathcal{N}(A^{\mathsf T})$, denn die Annahme, $\boldsymbol{r} \notin \mathcal{N}(A^{\mathsf T})$ führte im 2. Teil des Beweises von Satz 2 auf die Ungleichung (16). Es gibt also ein $\boldsymbol{r} \neq \boldsymbol{0}$ mit $A^{\mathsf T}\boldsymbol{r} = \boldsymbol{0}$, folglich ist $\operatorname{Rg} A < M$.

Zum Nachweis der Konvergenz spalten wir den R^M in bekannter Weise in eine orthogonale direkte Summe von $\mathcal{N}(A^{\mathsf T})$ und Wertebereich $\mathcal{R}(A)$ auf:

$$R^M = \mathcal{N}(A^{\mathsf T}) \oplus \mathcal{R}(A)\,. \tag{18}$$

Sei $P_{\mathcal{N}}$ der orthogonale Projektor auf $\mathcal{N}(A^T)$ parallel zu $\mathcal{R}(A)$ und $P_{\mathcal{R}}$ der orthogonale Projektor auf $\mathcal{R}(A)$ parallel zu $\mathcal{N}(A^T)$. Dann ist

$$I_M = P_{\mathcal{N}} + P_{\mathcal{R}} . \tag{19}$$

Wendet man hierauf den Operator S an, so folgt

$$S = P_{\mathcal{N}} + \tilde{S} , \qquad \tilde{S} = SP_{\mathcal{R}} , \tag{20}$$

denn $P_{\mathcal{N}}$ projiziert auf $\mathcal{N}(A^T)$, und in diesem Raum wirkt S nach (12) wie der identische Operator. Die EUKLIDische Norm von $\tilde{S}$ ist kleiner als 1

$$||\tilde{S}|| < 1 , \tag{21}$$

denn aus der Definition von $\tilde{S}$ folgt wegen $||P_{\mathcal{R}}|| = 1$ sofort $||\tilde{S}|| \leqq ||S|| \leqq ||S_{N_0}|| \dots ||S_2|| \, ||S_1|| = 1$. Wäre nun $||\tilde{S}|| = 1$, so hätte auch S die Norm 1, und nach Folgerung 2 wäre $\operatorname{Rg} A < M$; weiter gäbe es ein $\boldsymbol{r} \in \mathcal{R}(A)$, $\boldsymbol{r} \neq \boldsymbol{0}$, mit $||\boldsymbol{r}|| = ||\tilde{S}\boldsymbol{r}|| = ||SP_{\mathcal{R}}\boldsymbol{r}|| = ||S\boldsymbol{r}||$, so daß $\boldsymbol{r}$ nach dem Beweis von Satz 2 auch in $\mathcal{N}(A^T)$ liegen müßte. Das führt auf einen Widerspruch; denn $\mathcal{R}(A)$ und $\mathcal{N}(A^T)$ sind orthogonal, haben also nur den Nullvektor gemeinsam.

Wir beweisen noch

$$S^n = P_{\mathcal{N}} + \tilde{S}^n . \tag{22}$$

Für $n = 2$ erhält man $S^2 = P_{\mathcal{N}}^2 + P_{\mathcal{N}}SP_{\mathcal{R}} + SP_{\mathcal{R}}P_{\mathcal{N}} + \tilde{S}^2 = P_{\mathcal{N}} + \tilde{S}^2$, denn $P_{\mathcal{N}}$ ist ein Projektor (also $P_{\mathcal{N}}^2 = P_{\mathcal{N}}$), der orthogonal zu $P_{\mathcal{R}}$ projiziert (also $P_{\mathcal{R}}P_{\mathcal{N}} = 0$). Auch $P_{\mathcal{N}}SP_{\mathcal{R}}$ ist gleich dem Nulloperator, denn S bildet Elemente von $\mathcal{R}(A)$ wieder auf Elemente von $\mathcal{R}(A)$ ab, $P_{\mathcal{N}}$ aber projiziert solche Vektoren auf Null.

Durch vollständige Induktion erhält man mit derselben Schlußweise die allgemeine Formel (22). Damit ergibt sich der folgende

Konvergenzsatz für das Verfahren der Spaltenapproximation:

Das durch (2)—(5) bzw. (9), (11) beschriebene Verfahren der Spaltenapproximation mit zyklischer Auswahl der Unterräume U_n konvergiert für jeden Startvektor $\boldsymbol{x}^1 \in R^N$ gegen einen Grenzvektor $\boldsymbol{x}^*$. Ist $\boldsymbol{b} \in \mathcal{R}(A)$, so ist $\boldsymbol{x}^*$ Lösung von (1). Ist $\boldsymbol{b} \notin \mathcal{R}(A)$, das Ausgangssystem also widerspruchsvoll, so konvergieren die Reste $\boldsymbol{r}^n$ gegen $\boldsymbol{r}^* = P_{\mathcal{N}}\boldsymbol{b}$. Dann liegt $\boldsymbol{r}^* = \boldsymbol{b} - A\boldsymbol{x}^*$ in $\mathcal{N}(A^T)$, also gilt $A^T\boldsymbol{b} - A^TA\boldsymbol{x}^* = \boldsymbol{0}$, und $\boldsymbol{x}^*$ ist eine beste Approximation von $\boldsymbol{b}$ im Sinne der Methode der kleinsten Quadrate.

Um eine verallgemeinerte Inverse X der Matrix A zu bestimmen (vgl. [8]), kann man den Algorithmus M-mal mit den Spalten $\boldsymbol{e}_i$, $i = 1, 2, \dots, M$, der Einheitsmatrix I_M als rechter Seite durchrechnen. Das Verfahren bewirkt eine Projektion der Restvektoren auf den Nullraum von A^T, also gilt $A^T\boldsymbol{r}_i = A^T(\boldsymbol{e}_i - A\boldsymbol{x}_i) = 0$, oder zu Matrizen zusammengefaßt

$$R = I_M - AX = P_{\mathcal{N}} , \tag{23}$$

$$A^TR = A^T - A^TAX = 0 . \tag{24}$$

Daraus lassen sich die folgenden Eigenschaften der verallgemeinerten Inversen X herleiten: Aus (23) folgt mit (19)

$$AX = I_M - P_{\mathcal{N}} = P_{\mathcal{R}} . \tag{25}$$

Also ist AX orthogonaler Projektor (auf $\mathcal{R}(A)$), und damit gilt

$$(AX)^2 = AX = (AX)^T . \tag{26}$$

Aus (24) folgt mit (26)

$$A = AXA . \tag{27}$$

Multipliziert man von links mit X, so zeigt sich, daß auch XA ein (i. a. allerdings nicht symmetrischer) Projektor ist:

$$XA = (XA)^2 . \tag{28}$$

Ist speziell $\operatorname{Rg} A = N$, d. h., sind die Spalten von A linear unabhängig, so ist die GRAMsche Matrix A^TA nichtsingulär, und für X ergibt sich aus (24) die Darstellung

$$X = (A^TA)^{-1} A^T , \qquad \operatorname{Rg} A = N . \tag{29}$$

In diesem Spezialfall gilt offensichtlich auch

$$(XA)^T = XA , \qquad \operatorname{Rg} A = N . \tag{30}$$

Um im allgemeinen Fall eine explizite Darstellung für X zu bekommen, beweisen wir zunächst

$$T + QA = I_N . \tag{31}$$

Aus der Definition (11) für die Matrix Q ergibt sich mit (3)

$$QA = \sum_{i=1}^{N_0} Q_iD_iA = \sum_{i=1}^{N_0} Q_i(I_N - T_i) = Q_1 - Q_1T_1 + Q_2 - Q_1 + \dots + Q_{N_0} - Q_{N_0-1} = I_N - T .$$

Aus (9), (10) und (31) folgt weiter

$$S\boldsymbol{r}^n = \boldsymbol{r}^{n+1} = \boldsymbol{b} - A\boldsymbol{x}^{n+1} = \boldsymbol{b} - AT\boldsymbol{x}^n - AQ\boldsymbol{b} = \boldsymbol{b} - A\boldsymbol{x}^n + AQA\boldsymbol{x}^n - AQ\boldsymbol{b} = (I_M - AQ)\,\boldsymbol{r}^n ,$$

also

$$S + AQ = I_M\,, \tag{32}$$

und mit (31) $TQ = QS$, woraus man durch Induktion

$$T^iQ = QS^i\,, \qquad i = 1, 2, \ldots\,, \tag{33}$$

erhält. Ersetzt man nun in der Iteration (9) wie in (23) die rechte Seite $\boldsymbol{b}$ durch die Spalten von I_M, so ergibt sich, zu Matrizen zusammengefaßt,

$$X^{n+1} = TX^n + QI_M = T^2X^{n-1} + TQ + Q = \ldots = T^nX^1 + \sum_{i=0}^{n-1} T^iQ\,.$$

Wählt man als Startvektor jeweils $\boldsymbol{0}$ und ersetzt T^iQ nach (33) durch QS^i, so gilt wegen (22) weiter

$$X^{n+1} = Q\sum_{i=0}^{n-1} (P_{\mathcal{N}'} + \widetilde{S}^i)\,. \tag{34}$$

$QP_{\mathcal{N}} = \sum_{j=1}^{N_0} Q_jD_jP_{\mathcal{N}}$ ist aber gleich dem Nulloperator, denn $P_{\mathcal{N}}$ projiziert auf $\mathcal{N}(A^{\mathsf{T}})$, und für Vektoren $\boldsymbol{z}$ aus $\mathcal{N}(A^{\mathsf{T}})$ ist nach (5) $D_j\boldsymbol{z} = \boldsymbol{0}$. Damit folgt für $n \to \infty$ wegen (21) schließlich die gesuchte Darstellung der verallgemeinerten Inversen

$$X = \lim_{n\to\infty} X^n = \lim_{n\to\infty} Q\sum_{i=0}^{n} \widetilde{S}^i = Q(I_M - \widetilde{S})^{-1}\,. \tag{35}$$

Mit (35) kann man noch die Eigenschaft

$$XAX = X \tag{36}$$

beweisen. Wegen (25) und (19) folgt nämlich

$$XAX = XP_{\mathcal{R}} = X - XP_{\mathcal{N}}\,,$$

wobei der letzte Summand verschwindet:

$$XP_{\mathcal{N}} = Q(I_M - \widetilde{S})^{-1}\,P_{\mathcal{N}} = QP_{\mathcal{N}} + Q(I_M - \widetilde{S})^{-1}\,\widetilde{S}P_{\mathcal{N}} = 0\,. \tag{37}$$

Wir fassen die Ergebnisse zusammen:

Satz 3: *Nimmt man als rechte Seite $\boldsymbol{b}$ des Ausgangssystems nacheinander die Spalten der Matrix I_M, so liefert der Algorithmus die Spalten der verallgemeinerten Inversen $X = Q(I_M - \widetilde{S})^{-1}$. Sie genügt den Gleichungen $AXA = A$, $(AX)^2 = (AX)^{\mathsf{T}} = AX$, $(XA)^2 = XA$ und $XAX = X$, ist also nach* [8] *eine (1, 2, 3)-Inverse. Ist* Rg $A = N$, *so gilt noch* $(XA)^{\mathsf{T}} = XA$, d. h., *X ist in diesem Fall die Moore-Penrosesche Pseudoinverse A^+ der Matrix A.*

Bisher ist die Frage nach Wertebereich und Nullraum des Projektors XA offen geblieben. Wir wollen nun zeigen, daß

$$\mathcal{R}(XA) = \mathcal{R}(Q) \tag{38}$$

und

$$\mathcal{N}(XA) = \mathcal{N}(A) \tag{39}$$

ist. Die Gleichung (39) folgt aus den Beziehungen

$$\mathcal{N}(A) \subset \mathcal{N}(XA) \subset \mathcal{N}(AXA) = \mathcal{N}(A)\,.$$

Weiterhin gilt

$$\mathcal{R}(XA) = \mathcal{R}\big(Q(I_M - \widetilde{S})^{-1}\,A\big) \subset \mathcal{R}(Q)\,, \tag{40}$$

und die Beziehung

$$\mathcal{R}(Q) \subset \mathcal{R}(XA) \tag{41}$$

ergibt sich aus (32), (20), (37) und (35):

$$XAQ = X(I_M - P_{\mathcal{N}} - \widetilde{S}) = X(I_M - \widetilde{S}) = Q\,. \tag{42}$$

Damit ist auch (38) bewiesen, und es gilt außerdem

$$R^N = \mathcal{R}(XA) \oplus \mathcal{N}(XA) = \mathcal{R}(Q) \oplus \mathcal{N}(A)\,.$$

Mit Hilfe von X kann man den im Konvergenzsatz beschriebenen Grenzvektor $\boldsymbol{x}^*$ explizit angeben: Der $(n+1)$-te Näherungsvektor des Verfahrens (9) hat bekanntlich die Gestalt

$$\boldsymbol{x}^{n+1} = T^n\boldsymbol{x}^1 + \sum_{i=0}^{n-1} T^iQ\boldsymbol{b}\,,$$

und die Summe konvergiert für $n \to \infty$ gemäß (34) und (35) gegen den Vektor $X\boldsymbol{b}$. Unter Beachtung von (33) und (31) folgt

$$T^iQA = T^i(I_N - T) = T^i - T^{i+1} = QS^iA$$

und weiterhin

$$I_N - T^n = \sum_{i=0}^{n-1} (T^i - T^{i+1}) = Q\sum_{i=0}^{n-1} S^iA = Q\sum_{i=0}^{n-1} \widetilde{S}^iA\,.$$

Geht man auf beiden Seiten zum Grenzwert über, so erhält man mit (35)

$$\lim_{n\to\infty} T^n = I_N - XA\,, \tag{43}$$

so daß sich

$$x^* = (I_N - XA)\, x^1 + Xb \tag{44}$$

ergibt; nach (39) ist $J_N - XA$ ein i. a. schräger Projektor auf $\mathcal{N}(A)$.

Literatur

1 KIESEWETTER, H., Vorlesungen über lineare Approximation, DVW, Berlin 1973.
2 ALBRAND, H.-J., Über die Lösung linearer Gleichungssysteme durch Spaltenapproximation, Wiss. Z. Univ. Rostock., Math.-Nat. Reihe, **21**, 8, 755–757 (1972).
3 HOUSEHOLDER, A. S.; BAUER, F. L., On certain iterative methods for solving linear systems, Numer. Math. **2**, 55–59 (1960).
4 MAESS, G., Lösung linearer Gleichungssysteme durch Spaltenapproximation, Wiss. Z. Univ. Rostock, Math.-Nat. Reihe, **23**, 9, 759–761 (1974).
5 TANABE, K., Projection method for solving a singular system of linear equations and its applications, Numer. Math. **17**, 203–214 (1971).
6 PETERS, W., Lösung linearer Gleichungssysteme durch Projektion auf Schnitträume von Hyperebenen und Berechnung der verallgemeinerten Inversen, Beiträge zur Numer. Math. **5**, 129–146 (1976).
7 PETERS, W., Eigenschaften einer nach dem Projektionsverfahren auf Schnitträume von Hyperebenen berechneten verallgemeinerten Matrixinversen, Beiträge zur Numer. Math. **6**, 127–132 (1977).
8 BEN ISRAEL, A.; GREVILLE, T., Generalized Inverses, Theory and Applications, John Wiley & Sons, New York 1974.

Eingereicht: 22. 10. 1975, revidierte Fassung: 22. 4. 1977

Verfasser: Doz. Dr. GERHARD MAESS und Dr. WOLFGANG PETERS, Wilhelm-Pieck-Universität Rostock, Sektion Mathematik, DDR-25 Rostock, Universitätsplatz 1

KLEINE MITTEILUNGEN

ZAMM 58, 239–240 (1978)

W. MEUCHE

Anwendung von Minimaxaussagen auf ein Problem der optimalen Steuerung

Es seien Y (Raum der Steuerfunktionen) und Z (Zustandsraum) reelle BANACH-Räume. Der Zustand $z(t) \in Z$ zum Zeitpunkt $t \in R$ (reelle Zahlen) sei beschrieben durch

$$z(t) = \Phi(t, \tau)\, z + \Psi(t, \tau)\, u\,, \tag{1}$$

wobei Φ und Ψ für alle $t \geqq \tau$ beschränkte lineare Operatoren von Z in Z bzw. Y in Z sind. Mit u^* und z^* seien die Elemente der entsprechenden dualen Räume Y^* und Z^* bezeichnet, und Ψ^* sei der zu Ψ duale Operator, während $\langle z, z^*\rangle$ der Wert der Linearform z^* an der Stelle z sei.

Wir wollen hier folgendes einfache Problem mit festen Zeitanfangs- und Zeitendpunkten τ und T betrachten:

Zu einem gegebenen Anfangszustand $z \in Z$ und einem Zielzustand $w \in Z$ ist

$$d = \inf\{\|z(T) - w\| : u \in B_\varrho\} \tag{2}$$

mit

$$B_\varrho = \{u \in Y : \|u\| \leqq \varrho\}$$

zu bestimmen! Wie lassen sich Steuerfunktionen u_d, für die in (2) der kürzeste Abstand d angenommen wird, charakterisieren?

Für den Fall, daß die betrachteten Räume HILBERT-Räume sind, läßt sich bei vielen Problemen der optimalen Steuerung der recht zugkräftige Apparat der Differentialrechnung nutzbringend anwenden, da sich die Gradienten der entsprechenden Funktionale meist leicht angeben lassen (vgl. z. B. [1] S. 160). Die Anwendung von Minimaxaussagen hingegen liefert eine gewisse duale Formulierung des Problems, welches sich oft einfacher behandeln läßt (vgl. [2]).

Durch eine geringfügige Änderung eines Beweises aus [6] erhält man folgendes

Minimaxtheorem: *Es seien K eine konvexe und kompakte Teilmenge eines lokalkonvexen Raumes E und $\mathfrak{K}$ eine konvexe Menge von oberhalbstetigen konkaven Funktionen*

$$f\colon K \to \{-\infty\} \cup R\,.$$

Zu jedem $f \in \mathfrak{K}$ existiere ein $x \in K$ mit $f(x) \geqq 0$. Dann gibt es ein Element $x_0 \in K$, so daß $f(x_0) \geqq 0$ für alle $f \in \mathfrak{K}$ und folglich

$$\sup_{x \in K} \inf_{f \in \mathfrak{K}} f(x) \geqq 0$$

gilt.

Da T und τ in unseren Betrachtungen fest sein sollen, wollen wir für $\Phi(T, \tau)$ und $\Psi(T, \tau)$ einfacher Φ und Ψ schreiben und $\hat{w} = \Phi z - w$ setzen.

Satz 1: *Es gilt*

$$d = \sup_{\|z^*\| \leq 1} \{\langle \hat{w}, z^*\rangle - \varrho\, \|\Psi^* z^*\|\}\,. \tag{3}$$

Beweis: Wegen $\|z\| = \sup_{\|z^*\| \leq 1} \langle z, z^*\rangle$ folgt

$$d = \inf_{\|u\| \leq \varrho} \sup_{\|z^*\| \leq 1} \{\langle \hat{w}, z^*\rangle + \langle \Psi u, z^*\rangle\}\,.$$

Vertauschen wir zunächst Infimum und Supremum und setzen

$$D = \sup_{\|z^*\| \leq 1} \inf_{\|u\| \leq \varrho} \{\langle \hat{w}, z^*\rangle + \langle \Psi u, z^*\rangle\}\,,$$

so erhält man

$$D = \sup_{\|z^*\| \leq 1} \{\langle \hat{w}, z^*\rangle - \sup_{\|u\| \leq \varrho} \langle u, \Psi^* z^*\rangle\}\,,$$

woraus die rechte Seite von (3) folgt. Es bleibt also nur noch die Beziehung $d = D$ zu zeigen. Dies folgt aber, wenn man im Minimaxtheorem

$$E = Z^* \text{ (versehen mit der schwachen Topologie)}$$
$$K = \{z^* \in Z^* \colon \|z^*\| \leqq 1\} \quad \text{und}$$
$$\mathfrak{K} = \{f_u(z^*) = \langle \Psi u + \hat{w}, z^*\rangle - d, \quad u \in B_\varrho\}$$

setzt. Dann ist K konvex und schwach kompakt und $f_u(z^*)$ sogar schwach stetig bezüglich z^* und wegen der Linearität in z^* trivialerweise auch konkav. Die Konvexität der Menge $\mathfrak{K}$ folgt hierbei aus der Konvexität von B_ϱ. Außerdem existiert zu jedem $u \in B_\varrho$ ein $z_0^*(u) \in K$ mit

$$f_u(z_0^*) = \|\Psi u + \hat{w}\| - \inf_{\|u\| \leq \varrho} \|\Psi u + \hat{w}\| \geqq 0\,,$$

da in $\sup_{z^* \in K} \langle \Psi u + \hat{w}, z^*\rangle$ das Supremum wegen der schwachen Kompaktheit von K stets angenommen wird. Damit sind alle Voraussetzungen des Minimaxtheorems erfüllt, und es folgt

$$D = \sup_{\|z^*\| \leq 1} \inf_{\|u\| \leq \varrho} \langle \Psi u + \hat{w}, z^*\rangle - d \geqq 0\,.$$

Die Ungleichung $D \leqq d$ gilt immer.

Folgerung 1: *Es gilt*

$$d = \inf_{\|u\| \leq \varrho} \max_{\|z^*\| \leq 1} \langle \Psi u + \hat{w}, z^*\rangle = \max_{\|z^*\| \leq 1} \inf_{\|u\| \leq \varrho} \langle \Psi u + \hat{w}, z^*\rangle\,, \tag{4}$$

d. h., das Supremum wird in (3) stets angenommen.

Beweis: Nach dem Minimaxtheorem existiert ein z_0^* mit $\|z_0^*\| \leqq 1$, so daß

$$f_u(z_0^*) = \langle \Psi u + \hat{w}, z_0^*\rangle - d \geqq 0 \quad \text{für alle} \quad u \in B_\varrho$$

gilt. Damit folgt aber

$$d \leqq \inf_{\|u\| \leq \varrho} \langle \Psi u + \hat{w}, z_0^*\rangle = \langle \hat{w}, z_0^*\rangle - \varrho\, \|\Psi^* z_0^*\|$$
$$\leqq \sup_{\|z^*\| \leq 1} \{\langle \hat{w}, z^*\rangle - \varrho\, \|\Psi^* z^*\|\} = d\,,$$

wobei wegen $\|z_0^*\| \leqq 1$ obiges Supremum immer angenommen wird und damit

$$d = \max_{\|z^*\| \leq 1} \inf_{\|u\| \leq \varrho} \langle \Psi u + \hat{w}, z^*\rangle$$

folgt.

Folgerung 2: *Für einen reflexiven BANACH-Raum Y folgt wegen der schwachen Kompaktheit von B_ϱ, daß in der letzten Gleichung das Infimum stets angenommen wird, d. h.*

$$d = \max_{\|z^*\| \leq 1} \min_{\|u\| \leq \varrho} \langle \Psi u + \hat{w}, z^*\rangle\,. \tag{5}$$

Lemma 1: *Es sei Y reflexiv. Dann ist die Menge*

$$E_\varrho = \{\Psi u : u \in B_\varrho\}$$

schwach kompakt, konvex und abgeschlossen.

Beweis: Die Abbildung Ψ ist auch schwach stetig, womit E_ϱ als Bild der schwach kompakten Menge B_ϱ ebenfalls schwach kompakt ist. Die Konvexität von E_ϱ ist leicht zu sehen, und mit der schwachen Abgeschlossenheit zusammen folgt die Abgeschlossenheit.

Folgerung 3: *Es sei Y reflexiv. Dann wird in*

$$d = \inf_{z \in E_\varrho} \|z + \hat{w}\| = \inf_{\|u\| \leq \varrho} \|\Psi u + \hat{w}\|$$

das Infimum stets durch ein Element $z \in E_\varrho$ bzw. $u \in B_\varrho$ angenommen. (Zum Beweis vgl. [4] S. 347 (1)).

Hiermit und mit Folgerung 2 erhält man

Folgerung 4: *Es sei Y reflexiv. Dann gilt*

$$d = \min_{\|u\| \leq \varrho} \max_{\|z^*\| \leq 1} \langle \Psi u + \hat{w}, z^*\rangle = \max_{\|z^*\| \leq 1} \min_{\|u\| \leq \varrho} \langle \Psi u + \hat{w}, z^*\rangle\,. \tag{6}$$

Hieraus folgt aber (vgl. [5] S. 122) die Existenz eines Sattelpunktes (u_d, z_d^*) mit $\|u_d\| \leqq \varrho$, $\|z_d^*\| \leqq 1$ und $d = \langle \Psi u_d + \hat{w}, z_d^*\rangle$, für welchen

$$\langle \Psi u_d + \hat{w}, z^*\rangle \leqq \langle \Psi u_d + \hat{w}, z_d^*\rangle \leqq \langle \Psi u + \hat{w}, z_d^*\rangle \tag{7}$$

für alle z^* mit $\|z^*\| \leqq 1$ und alle u mit $\|u\| \leqq \varrho$ gilt, woraus man

$$\max_{\|z^*\| \leq 1} \langle \Psi u_d + \hat{w}, z^*\rangle = \langle \Psi u_d + \hat{w}, z_d^*\rangle = \min_{\|u\| \leq \varrho} \langle \Psi u + \hat{w}, z_d^*\rangle \tag{8}$$

erhält.

Um zu einer Charakterisierung von u_d zu gelangen, führen wir folgende Bezeichnung ein: Es sei E ein BANACH-Raum, und für ein $x^* \in E^*$ $(x^* \neq 0)$ sei

$$\tilde{x}^* = \{x \in E \colon \|x\| = 1,\ \langle x, x^*\rangle = \|x^*\|\}\,.$$

Die Menge $\widetilde{x^*}$ ist genau dann für jedes $x^* \in E^*$ nichtleer, wenn E reflexiv ist. (Für die nichttriviale Richtung vgl. [3]). Damit ergibt sich

Satz 2: *Es sei Y reflexiv, $d > 0$ und (u_d, z_d^*) sei der nach Folgerung 4 existierende Sattelpunkt.*

Dann gibt es unter allen Steuerfunktionen

$$u \in -\widetilde{\varrho \Psi^* z_d^*} \quad \textit{obiges } u_d \textit{ mit}$$

$$d = \|\Psi u_d + \hat{w}\| = \langle \hat{w}, z_d^* \rangle - \varrho \, \|\Psi^* z_d^*\|\,,$$

d. h., u_d ist optimal.

Andererseits ist für die Optimalität einer Steuerfunktion u notwendig, daß $u \in -\widetilde{\varrho \Psi^* z_0^*}$ gilt, wobei hier z_0^* eine Linearform ist, für welche in (3) *das Supremum angenommen wird.*

Beide Aussagen lassen sich leicht bestätigen. *Für den Fall, daß Y ein* Hilbert-Raum ist, gilt dann einfacher

$$\widetilde{\Psi^* z^*} = \{\|\Psi^* z^*\|^{-1} \Psi^* z^*\}\,.$$

Die angegebene duale Charakterisierung von d erscheint insbesondere für den Fall $Z = R_n$ nützlich, da man dann z. B. bei der Berechnung von d an Stelle einer Infimumbildung über eine Menge in einem Funktionenraum eine Supremumsbildung über der Einheitskugel im R_n vorzunehmen hat.

Daß dies bereits in einfachen Fällen zu einem größeren Rechenaufwand führen kann, soll folgendes triviale Beispiel zeigen. Es sei $Z = R_2$ und $Y = L_2[0, T]$. Wir betrachten ein System, dessen Zustand $z(t)$ der Differentialgleichung

$$\begin{pmatrix} \dot{z}_1(t) \\ \dot{z}_2(t) \end{pmatrix} = \begin{pmatrix} 0 & 1 \\ 0 & 0 \end{pmatrix} \begin{pmatrix} z_1(t) \\ z_2(t) \end{pmatrix} + \begin{pmatrix} 0 \\ 1 \end{pmatrix} u(t)$$

genügt. Hierbei seien $z(0) = \begin{pmatrix} 0 \\ -3 \end{pmatrix}$ und $w = \begin{pmatrix} 0 \\ 0 \end{pmatrix}$.

Für den kürzesten Abstand (nach einer Zeit $T > 0$) erhält man dann nach (3)

$$d = \max_{z_1^2 + z_2^2 = 1} \left\{ -3\,(T z_1 + z_2) - \varrho \left[\frac{T^3}{3} z_1^2 + T^2 z_1 z_2 + T z_2^2 \right]^{1/2} \right\}$$

und für eine gefundene Maximumstelle (z_{10}, z_{20}) mit

$$\Psi^*(T, 0)\,(z_{10}, z_{20}) = (T - t)\, z_{10} + z_{20}$$

nach Satz 2 eine Steuerfunktion u, welche der notwendigen Optimalitätsbedingung genügt.

Für die Behandlung weiterer Probleme ist noch folgender Zusammenhang, der sich unmittelbar aus Satz 1 und Folgerung 3 ergibt, von Interesse.

Für beliebige Banach-Räume Y und Z und ein vorgegebenes $\varepsilon \geqq 0$ ist für die Gültigkeit von $d \leqq \varepsilon$ die Beziehung

$$\langle \hat{w}, z^* \rangle - \varepsilon \leqq \varrho \|\Psi^* z^*\| \quad \text{für alle } z^* \text{ mit } \|z^*\| = 1 \tag{9}$$

notwendig und hinreichend und im Fall der Reflexivität von Y ist (9) notwendig und hinreichend für die Existenz einer Steuerfunktion $u \in B_\varrho$, für welche

$$\|\Psi u + \hat{w}\| \leqq \varepsilon \tag{10}$$

gilt.

Gibt man sich z. B. die Güte der Steuerung durch ein $\varepsilon > 0$ vor und sucht unter allen Steuerfunktionen, welche (10) erfüllen, eine solche mit minimaler Norm, so gelangt man mit Hilfe von (9) zu einer analogen Charakterisierung dieser Steuerfunktion.

Ebenso läßt sich obiges Minimaxtheorem auf den Fall anwenden, daß die Funktionen u zusätzlich nur positive Werte annehmen dürfen oder in einem allgemeineren Sinne zusätzlich „positiv" sein sollen.

Ist z. B. Y ein reflexiver Banach-Verband und P der die Halbordnung definierende konvexe abgeschlossene Kegel positiver Elemente, so ist die Menge $B_{\varrho p} = B_\varrho \cap P$ dann ebenfalls konvex und schwach kompakt, wodurch sich ähnliche Aussagen (allerdings in schwächerer Form) ergeben.

Literatur

1 Balakrishnan, A. V., Optimal control problems in Banach spaces, SIAM J. Control 3, 152–180 (1965).

2 Габасов, Р.; Кириллова, Ф., Качественная теория оптимальных процессов, Наука, Москва 1971.

3 James, R. C., Characterizations of reflexivity, Studia Math. 23, 205–216 (1964).

4 Köthe, G., Topologische lineare Räume, Springer-Verlag, Berlin-Heidelberg-New York 1966.

5 von Neumann, J.; Morgenstern, O., Theorie of Games and Economic Behavior, Princeton 1953.

6 Terkelsen, F., Some minimax theorems, Math. Scandinav. 31, 405–413 (1972).

Eingereicht: 23. 12. 1976, revidierte Fassung: 14. 4. 1977

Anschrift: Dr. W. Meuche, Universität Jena, Sektion Technologie, DDR 69 Jena, Universitätshochhaus

ZAMM 58, 240 – 241 (1978)

H. Wilke

Zur Anwendung des zeitlich diskretisierten Galerkin-Verfahrens auf eine nichtlineare Evolutionsgleichung

1. Einführung

In einer kürzlich erschienenen Arbeit des Autors [1] wurde ein Projektions-Iterationsverfahren, dem eine Arbeit von Gajewski und Gröger [2] zugrunde lag, zur Lösung einer nichtlinearen Evolutionsgleichung benutzt. Die zeitliche Diskretisierung beschränkte sich dabei auf die äquidistante Teilung eines vorgegebenen Zeitintervalls, um komplizierte Zeitintegrale numerisch berechnen zu können. In einer Arbeit von Gröger [3] ist nun in allgemeiner Form bewiesen worden, daß ein Projektions-Iterationsverfahren der vorliegenden Art auch konvergiert, wenn die zeitliche Integration der zu lösenden gewöhnlichen Differentialgleichungen mittels eines impliziten Differenzenverfahrens durchgeführt wird. Es lag daher nahe, einen Vergleich der beiden Methoden im Hinblick auf die Effektivität der numerischen Rechnungen durchzuführen.

2. Das zeitlich diskretisierte Galerkin-Verfahren

Nach [2] kann man die Lösung einer nichtlinearen Evolutionsgleichung

$$\frac{du}{dt} + Au = f\,, \qquad u(0) = w\,,$$

$t \in [0, T]$, A — stark monoton und Lipschitz-stetig, mit Hilfe der folgenden Iterationsfolge

$$\frac{du_n}{dt} + aJu_n = aJu_{n-1} - Au_{n-1} + f$$

berechnen; $0 < \frac{1}{a} < \frac{2m}{M}$, $n = 1, 2, \ldots$, $u_n(0) = w$, J — Dualitätsabbildung, m — Monotoniekonstante, M — Lipschitz-Konstante (Diese Bezeichnungen beziehen sich auf die in [2] eingeführten Räume, vgl. auch [1]). Die hierzu gehörige Differenzengleichung

$$\frac{u_n^k - u_n^{k-1}}{\Delta t} + aJu_n^k = aJu_{n-1}^k - Au_{n-1}^k + f^k\,,$$

$$k = 1, 2, \ldots, K\,, \qquad \Delta t \cdot K = T$$

konvergiert nach [3] ebenfalls.

Führt man nun wieder die Projektion

$$u_n^k = \sum_{j=1}^{N(n)} c_{n,j} h_j$$

ein, so erhält man im konkreten Fall der Berechnung rheologischer Rohrströmungen nach [1] die Berechnungsformel für die Galerkin-Koeffizienten

$$c_{n,j}^k = \frac{c_{n,j}^{k-1} + \Delta t \left(a\lambda_j c_{n-1,j}^k - \left(A \left(\sum_{l=1}^{N(n-1)} c_{n-1,j}^k h_l \right) - f^k, h_j \right) \right)}{1 + \Delta t a \lambda_j}$$

anstelle der Gleichung (2.7) in [1] mit dem komplizierten Zeitintegral. Die Eigenwerte λ_j konnten aus der Gleichung

$$Jh_j = \lambda_j h_j, \quad \lambda_j > 0$$

bestimmt werden.

3. Ergebnisse

Als Testfall diente die Berechnung des Anfangswertproblems einer rheologischen Rohrströmung nach der Materialfunktion f_4 (vgl. Bild 1 in [1]) bis zum stationären Strömungszustand. Dabei wurde bei den beiden zu vergleichenden Verfahren mit linearer Extrapolation des Ergebnisses eines Zeitintervalls gearbeitet, um eine gute Anfangsnäherung für das folgende Zeitintervall zu erhalten. Als Maß für die Effektivität wurde die zur Berechnung eines Beispiels erforderliche Rechenzeit (BESM6 CP-TIME) herangezogen. Sie ist in der Abbildung über dem

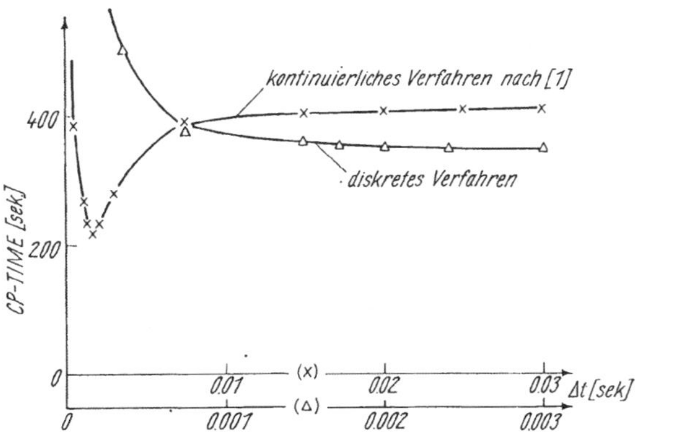

Vergleich des Rechenaufwandes für das kontinuierliche und das diskrete GALERKIN-Verfahren in Abhängigkeit vom Zeitschritt

Zeitschritt der Diskretisierung Δt aufgetragen. Das Maximum dieses Zeitschrittes ist durch die Forderung an die Genauigkeit der Lösung gegeben. Es war zu erwarten, daß dieser Wert im Falle des Differenzenverfahrens wesentlich geringer sein würde. Der Kurvenverlauf in der Abbildung zeigt nun, daß der Aufwand in einem weiten Bereich von der Schrittweite praktisch unabhängig und dabei für das diskrete Verfahren etwas geringer ist. Gerade dieses Verfahren zeigt aber für weitere Verringerung des Zeitschrittes eine kontinuierliche Vergrößerung des Aufwandes, während das Verfahren nach [1] ein ausgeprägtes Aufwandsminimum besitzt. Dieser Unterschied ist darauf zurückzuführen, daß die Aufwandsverringerung durch die lineare Extrapolation bei sehr kleinen Zeitschritten durch deren weitere Verkleinerung nicht mehr gesteigert werden kann. Dieser Effekt entspricht somit der Natur des Differenzenverfahrens. In Übereinstimmung mit der Erwartung steigt der Aufwand für $t \to 0$ über alle Grenzen.

4. Schlußfolgerung

Das Verfahren nach [1] erfordert den wesentlich geringeren Aufwand (im vorliegenden Fall etwa den halben Aufwand), wenn man sich im Bereich des Aufwandsminimums bewegt. Da aber dieser optimale Wert für den Zeitschritt nicht theoretisch bestimmt werden kann, wird man im allgemeinen Fall davon ausgehen können, daß beide Verfahren etwa gleichwertig sind.

Literatur

1 WILKE, H., Zur iterativen Berechnung nicht-NEWTONscher Strömungen in Rohren mit Kreisringquerschnitt, ZAMM 56, 491–497 (1976).
2 GAJEWSKI, H., und GRÖGER, K., Ein Projektions-Iterationsverfahren für Evolutionsgleichungen, Math. Nachr. 72, 119–136 (1976).
3 GRÖGER, K., Discrete-time GALERKIN methods for nonlinear evolution equations, Math. Nachr. (erscheint demnächst).

Eingereicht am 3. 1. 1977

Anschrift: Dr. H. WILKE, Zentralinstitut für Mathematik und Mechanik der AdW der DDR, 108 Berlin, Mohrenstr. 39, DDR

BUCHBESPRECHUNGEN

Vainikko, G., Funktionalanalysis der Diskretisierungsmethoden, Leipzig. BSB B. G. Teubner Verlagsgesellschaft. 1976. 136 S., M 14,– (Teubner-Texte zur Mathematik).

Das Buch gibt eine sehr allgemeine, gut dargestellte Theorie für die in der Numerischen Mathematik viel benutzten Diskretisierungsverfahren, zu denen auch die Differenzenverfahren bei Differentialgleichungen und Methoden der genäherten Quadratur bei Integralgleichungen gehören, aufgrund der Funktionsanalysis, mit deren Hilfe Aussagen über Konvergenz, Konvergenzgeschwindigkeit und in einzelnen Fällen auch Fehlerabschätzungen möglich sind.

In § 1–4 wird die allgemeine Theorie entwickelt und in § 5–7 auf einzelne Problemklassen angewendet. Im Mittelpunkt der Theorie steht die diskrete Konvergenz von Operatoren in BANACHräumen, und zwar die stabile und die reguläre oder kompakte Konvergenz. Unter Verzicht auf größtmögliche Allgemeinheit werden Formulierungen bevorzugt, die sich am leichtesten anwenden lassen. Verwandte Theorien sind auch von verschiedenen anderen Autoren aufgestellt worden, z.B. über die „diskrete Kompaktheit" von STUMMEL und GRIGORIEFF, die „reguläre Approximation" von SOBOLEV, und die „collectively compact approximation" von ANSELONE. Der Autor betont jedoch, daß in allen wesentlichen Überlegungen nicht die kompakte Konvergenz, sondern nur die reguläre Konvergenz, die sich in den Anwendungen relativ leicht nachweisen läßt, notwendig ist.

In § 3 wird die allgemeine Konvergenzthoerie auf Operatorgleichungen, auf lineare Gleichungen und auf nichtlineare Gleichungen mit differenzierbaren Operatoren, auch auf die Konvergenz der Eigenelemente angewendet. § 5 bringt die Anwendung auf Quadraturformelmethoden für lineare und nichtlineare Integralgleichungen vom URYSOHN-Typ und § 6 auf das Differenzenverfahren bei gewöhnlichen, auch nichtlinearen, Differentialgleichungen 2. Ordnung mit verschwindenden Randwerten an zwei Stellen. Die Methode ist aber auch bei Differentialgleichungen höherer Ordnung benutzbar. In § 7 werden lineare elliptische Differentialgleichungen, bei denen alle Koeffizienten der Differentialgleichung und die Lösungsfunktion in allen unabhängigen Variablen die Periode 1 haben, mit Hilfe SOBOLEVscher Räume behandelt.

Der Autor hat viele eigene, zum Teil andernorts noch nicht veröffentlichte Ergebnisse eingearbeitet und auch an verschiedenen Stellen auf noch offene Fragen hingewiesen. Das klar geschriebene Buch ist von Bedeutung für die Numerik, würde aber bei den Anwendern sicherlich viel mehr Beachtung finden, wenn mehr konkrete Beispiele gebracht worden wären. Für den Mathematiker ist das Buch sehr zu empfehlen.

Hamburg L. COLLATZ

Riedrich, T., Vorlesungen über nichtlineare Operatorgleichungen, Leipzig. Teubner Verlagsgesellschaft. 1976. 182 S., 4 Abb., M 16,– (Teubner-Texte zur Mathematik).

Das Buch gibt einen sehr guten Überblick über große Teile der nichtlinearen Funktional-Analysis, die Anwendungen auf die Behandlung nichtlinearer Operatoren-Gleichungen zulassen. Es ist klar und gut verständlich geschrieben, verlangt aber wegen der knappen Darstellung eine gute Mitarbeit des Lesers. Durch die Konzentration der Darstellung gelingt es dem Autor, auf knappem Raum eine Fülle an Stoff zu bieten und zugleich auch tiefliegende Sätze zu bringen. Im Mittelpunkt stehen die topologischen Fixpunktsätze von BROUWER, SCHAUDER und SCHAUDER-LERAY.

Der reiche Inhalt werde kurz angedeutet: Ein einleitendes Kapitel behandelt die topologischen Grundlagen, Kegel, Differentialrechnung und bringt im folgenden benutzte Begriffe wie Nichtkompaktheitsmaß, kondensierende und verdichtende Abbildungen, Diffeomorphismus u. a.. Kap. 2 enthält den BANACHschen Fixpunktsatz mit Varianten und Kap. 3 den Fixpunktsatz von BROUWER mit Folgerungen, z.B. einem Satz von KRASNOSELSKIJ. Es werden zwei Beweise des BROUWERschen Satzes vorgeführt, einer mit Hilfe der Kombinatorik, einer mit Hilfe der Differentialrechnung. Als weitere Folgerungen werden Antipodensätze von BORSUK-ULAM und LJUSTERNIK-SCHNIERELMANN gebracht.

Ungefähr die zweite Hälfte des Buches ist den nichtlinearen Operatorengleichungen in topologischen Vektorräumen gewidmet, beginnend mit Gleichungen mit kompakten Operatoren. Daran schließt sich eine ausführliche Darstellung der LERAY-SCHAUDERschen Theorie. Es wird eine den Abbildungsgrad benutzende Theorie dargestellt, welche als wesentliche Eigenschaft des Abbildungsgrades die Homotopieinvarianz verwendet. Dann wird die Methode von GRANAS beschrieben, welche einen neuen Zugang zu für die Anwendungen wichtigen Aussagen der LERAY-SCHAUDER-Theorie liefert, der den tieferliegenden Begriff des Abbildungsgrades vermeidet und mit einfacheren topologischen Hilfsmitteln auskommt. Der nächste Abschnitt bringt Existenz- und Störungssätze für positive Eigenwerte kompakter Abbildungen. Es folgen Sätze über Gebietsinvarianz, Sätze von BANACH-MAZUR, und Existenz- und Störungssätze für Gleichungen mit kondensierenden bzw. verdichtenden Operatoren. Am Schluß befindet sich ein ausführliches nach Sachgebieten geordnetes Literaturverzeichnis von 20 Seiten.

Wegen der Raumbeschränkung verweist der Autor bezüglich einiger weiterer Gebiete wie monotone Operatoren, Verzweigungsprobleme, nichtlineare FREDHOLM-Operatoren und Variationsungleichungen auf andere Bücher. Die Raumbeschränkung veranlaßte den Autor wohl auch, außer einigen prinzipiellen Beispielen fast ganz auf durchgeführte konkrete Beispiele zu verzichten, was manche Leser dieser Zeitschrift, die von der Anwendungsseite herkommen, vermissen werden und wodurch das Buch für diese Leser kaum verständlich und nicht benutzbar sein wird. Für mathematisch geschulte Leser aber ist das inhaltsreiche und schöne Buch sehr zu empfehlen.

Hamburg L. COLLATZ

Ljusternik, L. A. / Sobolew, W. I., Elemente der Funktionalanalysis, 5. verbess. Auflage, Berlin. Akademie-Verlag. 1976. 375 S., 7 Abb., M 34,–.

Es ist sehr zu begrüßen, daß der Akademie-Verlag dieses gern gelesene und oft zitierte Lehrbuch in fünfter Auflage herausgegeben hat, zumal die 1968 erschienene vierte Auflage längst vergriffen war. Die vorliegende Auflage stellt bis auf einige Druckfehlerberichtigungen einen unveränderten Nachdruck der vierten Auflage dar. Eine ausführliche Besprechung der ersten Auflage ist in dieser Zeitschrift in Bd. 35, S. 480 zu finden. Dieses didaktisch ausgezeichnet geschriebene Lehrbuch ist allen interessierten Lesern zu empfehlen, besonders natürlich denjenigen, für die das Gebiet der Funktionalanalysis Neuland darstellt.

Berlin K. R. SCHNEIDER

Velte, W., Direkte Methoden der Variationsrechnung, B. G. Teubner. Stuttgart. 1976. 198 S., DM 24,80 (Teubner Studienbücherei Mathematik).

Die vorliegende Einführung in die direkten Methoden der Variationsrechnung wendet sich an Studierende der Mathematik mittlerer und höherer Semester, stellt aber zugleich wegen der glänzend gelungenen stets auf die wesentlichsten Details gerichteten Stoffauswahl einen wertvollen Führer für angehende Hoch- und Fachschuldozenten dar. Im Vordergrund steht die Anwendung der direkten Variationsmethoden auf die numerische Behandlung von Randwertaufgaben partieller Differentialgleichungen einschließlich der Abschätzungstechniken des Fehlers in geeigneten Funktionalräumen, illustriert an treffenden Beispielen aus der Kontinuumsmechanik. Zur Darstellung gelangen u. a. in ihren wechselseitigen Beziehungen die Methoden von RITZ, RAYLEIGH, die Methode der orthogonalen Projektionen, die Methoden von TREFFTZ sowie die Hyperkreismethode von PRAGER und SYNGE.

Im ersten Kapitel sind die allgemeinen funktionalanalytischen Grundlagen zusammengestellt. Das zweite Kapitel ist quadratischen Variationsproblemen gewidmet. Im dritten und vierten Kapitel werden u. a. numerische Stabilität, Konvergenzeigenschaften von Projektionsverfahren, die Methode der finiten Elemente sowie ausführlich komplementäre Extremalprobleme mit interessanten Anwendungen behandelt. Das fünfte Kapitel ist wichtigen Abschätzungstechniken der Lösungen linearer Randwertaufgaben gewidmet, wie denen von DIAZ und GREENBERG und WASHIZU. Das letzte Kapitel über nichtlineare Probleme enthält u.a. die komplementären Extremalprobleme nach FRIEDRICHS, die Methode von NOBLE und das Wichtigste über nichtquadratische Extremalprobleme mit Ungleichungen als Nebenbedingungen.

Die Darstellung des Stoffes ist meisterhaft immer auf das Wesentliche gerichtet. Das Büchlein stellt so einen wertvollen Beitrag zur modernen Hochschulliteratur dar.

Markkleeberg H. BECKERT

Balakrishnan, A. V., Applied Functional Analysis, Berlin-Heidelberg-New York. Springer-Verlag. 1976. X, 309 S., DM 48,40. US $ 19.80 (Applications of Mathematics 3).

Das Buch ist eine erweiterte Neufassung der älteren Ausgabe mit dem Titel „Introduction to Optimization Theory in a HILBERT Space". Trotz des allgemeineren Titels bezieht es sich auch diesmal ausschließlich auf HILBERTräume, da für die Anwendungen eine reichhaltigere Struktur oft wichtiger ist als eine größere Allgemeinheit. Etwa zwei Drittel des Umfangs sind der Theorie gewidmet, wobei die Halbgruppen linearer Operatoren im Mittelpunkt stehen, spezielle dissipative, kompakte bzw. HILBERT-SCHMIDT-Halbgruppen. Diese liefern in der üblichen Weise Lösungsdarstellungen für das abstrakte CAUCHY-Problem, in das Randwertprobleme für partielle Differentialgleichungen übergeführt werden können. Auch die Verallgemeinerung auf den Fall der Evolutionsgleichung (mit variablem Koeffizienten) wird vorgenommen. Zuvor werden die funktionalanalytischen Grundlagen bis zur Spektraltheorie und dem KREINschen Faktorisierungssatz entwickelt, und es wird auch kurz auf nichtlineare Operatoren eingegangen, die sich durch Multilinearformen bzw. analytische Funktionen darstellen lassen.

Die Anwendungen beziehen sich im wesentlichen auf die Analyse, Regelung bzw. Optimierung von Systemen. Nach der ausführlichen Behandlung konvexer Mengen im HILBERTraum folgt die konvexe Programmierung, wobei der Satz von KUHN-TUCKER, das Minimaxtheorem von v. NEUMANN aus der Spieltheorie und der Satz von FARKAS in EUKLIDischen Räumen die Höhepunkte bilden. In der deterministischen Regelungstheorie werden vor allem linear-quadratische Probleme unter verschiedenen Einschränkungen behandelt sowie lineare zeitoptimale Probleme. Auf der Grundlage der lediglich additiven Maßtheorie über einem Körper von Zylindermengen bilden stochastische Optimierungsprobleme den Abschluß, hier wurden auch neue Ergebnisse des Verfassers eingearbeitet. Insbesondere sei auf eine Verallgemeinerung des Begriffs des weißen Rauschens hingewiesen und auf seine Anwendung im Zusammenhang mit stochastischen, partiellen Differentialgleichungen, mit Filterproblemen, mit quadratischen stochastischen Steuerproblemen sowie mit der RADON-NIKODYM-Ableitung.

Das Buch wendet sich an Leser, die auf den dargestellten Gebieten bereits über Grundkenntnisse verfügen. Es konzentriert sich auf typische Fälle und verweist wegen weiterer Möglichkeiten auf die Literatur. Zahlreiche Beispiele fördern außerordentlich das Verständnis, und Aufgaben, die zum Teil mit Lösungen oder Lösungshinweisen versehen sind, erlauben eine Überprüfung des eigenen Wissensstandes. Die Formel (3.4.8.) für die positive Wurzel eines Operators wurde mit einem Vorzeichenfehler angegeben.

Rostock L. BERG

Rutishauser, H., Vorlesungen über numerische Mathematik, Bd. 1: Gleichungssysteme, Interpolation und Approximation, 164 S., sFr. 40.–. Bd. 2: Differentialgleichungen und Eigenwertprobleme, 228 S., sFr. 48.–. Basel-Stuttgart. Birkhäuser Verlag. 1976.

Heinz Rutishauser gilt als einer der Begründer der modernen numerischen Mathematik. Er führte hier Methoden und Fragestellungen ein, die sich in der weiteren Entwicklung als grundlegend erwiesen haben. Auf ihn gehen die Theorie der Stabilität von Lösungsverfahren für Anfangswertaufgaben, der Quotienten-Differenzen-Algorithmus, das LR-Verfahren, die exakte Begründung des Romberg-Algorithmus und viele andere Beiträge zurück. Auch an der Entwicklung der Programmiersprache ALGOL war er maßgeblich beteiligt.

Nach seinem Tode im Jahre 1970 haben seine Züricher Kollegen M. Gutknecht, P. Henrici, P. Läuchli und H. R. Schwarz es übernommen, die von ihm an der ETH wiederholt gehaltenen Vorlesungen über numerische Mathematik, welche, wie im Vorwort hervorgehoben wird, an Qualität und Originalität weit über das Durchschnittsangebot auf diesem Gebiet herausragen, zum Druck aufzubereiten. Die Herausgeber waren bemüht, an den teilweise fast druckreif vorliegenden Manuskripten so wenig wie möglich zu ändern und von größeren Ergänzungen und Umstellungen abzusehen. Beispielsweise ist an der mitunter sehr bildhaften Sprache möglichst festgehalten worden.

Die Vorlesungen sind vor allem darauf gerichtet, eine Vorstellung von spezifisch numerischen Problemen und deren Bewältigung zu geben. Es wird durchgängig die Bedeutung von Informationen über das qualitative Lösungsverhalten für eine angepaßte Auswahl des Verfahrens unterstrichen; gut ausgewählte Beispiele weisen nachdrücklich auf numerische Stolpersteine hin. Viel Aufmerksamkeit wird der Erstellung von ALGOL-Programmen verschiedener Fertigkeitsstufen gewidmet. Der Zielstellung entspricht auch die Beschränkung auf jeweils wenige, aber typische Verfahren und die recht sparsame Aufnahme von z.B. vollständigen Konvergenzbeweisen; dafür wird den auf der Asymptotik beruhenden Überlegungen erheblich größerer Wert beigemessen.

Im ersten Band werden direkte Verfahren für lineare Gleichungssysteme, das Lösen nichtlinearer Systeme, die Ausgleichsrechnung, die Polynominterpolation, die numerische Quadratur und die Approximation durch Tschebyscheff-Reihen und nach Remez behandelt. Der zweite Band enthält die Behandlung von gewöhnlichen und partiellen Differentialgleichungen, die iterative Auflösung linearer Gleichungen und die Numerik von Eigenwertproblemen. Außerdem ist in den zweiten Band ein Anhang über den qd-Algorithmus und die von Rutishauser in seinen letzten Jahren entwickelte Axiomatisierung der Computer-Arithmetik aufgenommen worden.

Den Herausgebern gebührt Dank für ihr verdienstvolles Unternehmen, denn die sehr anregend geschriebenen Rutishauserschen Vorlesungen stellen ohne Zweifel eine wertvolle Bereicherung der Lehrbuchliteratur zur numerischen Mathematik dar.

Dresden J. W. Schmidt

Numerische Methoden bei Differentialgleichungen und mit funktionalanalytischen Hilfsmitteln, Vortragsauszüge der Tagung über Funktionalanalysis u. Numerische Mathematik und über Numerische Behandlung von Differentialgleichungen, Basel. Birkhäuser Verlag. 1974. 231 S., sFr. 44, (ISNM 19).

Der vorliegende Band enthält Vortragsauszüge von zwei Spezialtagungen über numerische Mathematik, die beide im ersten Halbjahr 1972 durchgeführt worden sind. Die Tagungsleiter J. Albrecht und L. Collatz heben hervor, daß hier wie bei früheren Tagungen zu ähnlichen Problemkreisen versucht worden ist, Gebiete der abstrakten Mathematik und der Anwendungen einander wieder etwas näher zu bringen, wobei sich die Numerik als ein sehr geeignetes Bindeglied erweist. Die hier wiedergegebenen Vorträge vermitteln einen Eindruck von der Vielzahl neuer Fragestellungen in der numerischen Mathematik und den Einsatzmöglichkeiten funktionalanalytischer Methoden. Schwerpunkte bei den im Stil von Originalarbeiten abgefaßten Vortragsauszügen bilden Fragen bei der numerischen Behandlung von Differentialgleichungen (Fehlerschranken zur Finite-Elemente-Methode und zum Galerkin-Verfahren, Gewinnung von Runge-Kutta-Verfahren hoher Ordnung, Startrichtungen bei der Mehrzielmethode, Eindeutigkeitssätze, Existenz periodischer Lösungen) und von Approximationsaufgaben (Fehlerabschätzungen bei L-Splines, Normschranken bei Interpolations- und Quadraturoperatoren, Verfahren zur T-Approximation, Gerschgorinsche Sätze für gestörte Dreiecksmatrizen).

Dresden J. W. Schmidt

Numerische Behandlung von Differentialgleichungen, Bd. 2, Tagung am Mathematischen Forschungsinstitut Oberwolfach vom 17.—22. 11. 1975. Hrsg. Albrecht, J./Collatz, L., Basel-Stuttgart. Birkhäuser Verlag. 1976. 276 S., sFr. 44.— (ISNM 31).

Der erste Band mit dem gleichen Titel wurde in ZAMM **57**, Heft 2 (1977), S. 129 referiert, der vorliegende zweite Band ist eine unmittelbare Fortsetzung. Er enthält 20 Arbeiten, von denen die Hälfte aus dem Ausland kommt und allein vier aus dem Institut für Angewandte Mathematik der Universität Hamburg, Als Tagungsbericht vermittelt er einen guten Überblick über den Stand der Forschung vor zwei Jahren. Numerische Lösungsmethoden für Differentialgleichungen sind heutzutage vor allem Diskretisierungsverfahren, wobei die Methode der finiten Elemente immer stärker in den Vordergrund rückt. Naturgemäß findet man Beiträge über Anfangs-, Rand- und Eigenwertprobleme unter Einbeziehung gewisser Nichtlinearitäten, wobei sowohl gewöhnliche und partielle als auch abstrakte Differentialgleichungen verschiedener Typen behandelt werden. Neben theoretischen Konvergenzfragen, z.B. unter Monotonievoraussetzungen, wurde vor allem auf Stabilität und die Aufstellung numerisch brauchbarer Fehlerschranken Wert gelegt. Speziellere Untersuchungen sind dem singulären Verhalten von Lösungen, den mit den Differentialgleichungen zusammenhängenden Variations- bzw. Optimierungsproblemen sowie den bei der Diskretisierung entstehenden Gleichungssystemen (Überrelaxationsverfahren) gewidmet. Beiträge über inkorrekt gestellte Probleme, Identifikation von Diffusionsprozessen, Schwingungen eines Stabes, Reaktorphysik sowie zur Landwirtschaft (Bewässerung bzw. Abwasserbehandlung) zeugen davon, daß auch den praktischen Anwendungen die gebührende Aufmerksamkeit geschenkt wurde. In gewohnter Weise zeichnet sich die Mehrheit der Arbeiten durch illustrative Zahlenbeispiele, ausführliche Literaturangaben und zum Teil auch durch übersichtliche Abbildungen aus. Einen schnellen Überblick über weitere Einzelheiten der lesenswerten Arbeiten kann man aus den vorangestellten (vorwiegend englischen) Zusammenfassungen gewinnen.

Rostock L. Berg

Großmann, C. / Kleinmichel, H., Verfahren der nichtlinearen Optimierung, Leipzig. BSB B. G. Teubner Verlagsgesellschaft. 1976. 186 S., 16 Abb., M 16,50 (Teubner-Texte zur Mathematik).

Bei den Anwendern besteht ein großes Interesse an brauchbaren numerischen Verfahren zur Behandlung nichtlinearer Optimierungsaufgaben. Die Autoren geben in dem vorliegenden Buch einen sehr guten Überblick über die zur Zeit wohl am meisten verwendeten Algorithmen für solche Aufgaben. Nach Zusammenstellung der wichtigsten theoretischen Sätze und Optimalitätsbedingungen wird zunächst die unrestringierte Optimierung (ohne Nebenbedingungen) mit Hilfe von gradientenähnlichen Verfahren und den Verfahren der konjugierten Richtungen behandelt und dann werden drei Grundprinzipien, denen sich die meisten numerischen Methoden zuordnen lassen, in je einem Kapitel ausführlich dargestellt, nämlich die Verfahren der zulässigen Richtungen mit verschiedenen Gradienten- und Projektionsverfahren, die Penalty-Methoden mit ihren Varianten („Straf-, Barriere-, und Lagrangefunktionen“) und die Schnittebenen-Methoden mit einer Reihe von Spezialisierungen. Für verschiedene Verfahren werden Konvergenzuntersuchungen durchgeführt. Jedes der letzten 4 Kapitel schließt mit einem 4—6 Seiten langen Paragraphen „Bemerkungen zur numerischen Realisierung“. Diese Paragraphen wie auch die zahlreichen durchgerechneten Beispiele und die den Programmablaufplänen angepaßte Beschreibung zeugen von der großen numerischen Erfahrung der Autoren.

Hamburg L. Collatz

Krabs, W., Optimierung und Approximation, Stuttgart. B. G. Teubner. 1975. 208 S., DM 24,80 (Teubner Studienbücher Mathematik).

Bekannterweise lassen sich Approximationsaufgaben als spezielle Optimierungsaufgaben darstellen. So kann man eine Reihe von Aussagen der Approximationstheorie, insbesondere

Existenz- und Eindeutigkeitsaussagen durch Spezialisierung der entsprechenden Sätze der Optimierung in allgemeinen Räumen gewinnen. Das vorliegende Buch widmet sich der Darstellung der Theorie der Optimierung in Funktionenräumen unter besonderer Berücksichtigung von Aufgabenstellungen der Approximation. Numerische Verfahren zur Lösung der untersuchten Probleme werden dabei nicht mit einbezogen.

Ausgehend von der Spezifik einzelner Aufgabenklassen untergliedert sich das Buch in die drei Kapitel: Lineare Probleme, Konvexe Probleme und Nichtlineare Probleme. In einem Anhang sind die für das Verständnis der Darstellung erforderlichen funktionalanalytischen Hilfsmittel kurz zusammengestellt. Spezielle theoretische Fragen, wie auch eine Vielzahl konkreter Anwendungsbeispiele geben den einzelnen Kapiteln eine detaillierte Gliederung.

Kernstück der allgemeinen Untersuchungen bilden Optimalitätskriterien sowie Existenz- und Dualitätssätze für infinite Optimierungsprobleme. Hierbei sind als Zugänge vor allem Aussagen über das Verhalten gestörter Optimierungsprobleme in allgemeinen Räumen, aber auch Sattelpunktsätze und die Theorie im Sinne der zulässigen Richtungen verwendet worden. Zahlreiche bibliographische Bemerkungen ordnen die erhaltenen Resultate ein, zeigen Zusammenhänge auf und erschließen dem Leser ein breites Feld weiterführender Literatur.

Hervorzuheben ist, daß der Autor nicht nur allgemeine Aussagen auf der Basis der Axiomatik des zugrundeliegenden Raumes gewinnt, sondern auch viele spezifische Problemstellungen wie z. B. spezielle Randwertaufgaben, Anfangsrandwertaufgaben und lineare Kontrollprobleme untersucht. Damit gibt der Autor seinem Buch eine Spezifik, die die Eigenständigkeit gegenüber den auch den Themenkreis Optimierung und Approximation behandelnden Büchern von Holmes bzw. Laurent unterstreicht.

Insgesamt stellt das vorliegende Buch eine wertvolle Erweiterung der Optimierungs- und Approximationsliteratur dar. Die gelungene Auswahl der untersuchten Probleme und deren anspruchsvolle Darstellung lassen das Buch sicher das Interesse eines breiten Leserkreises finden.

Dresden Ch. Grossmann

In der DDR beziehbar im Rahmen des Kontingents.

EINGEGANGENE BÜCHER

Bei der Schriftleitung sind folgende Bücher eingegangen (ausführliche Besprechung bleibt vorbehalten).

Simms, D. J. / Woodhouse, N. M. J., Lectures on Geometric Quantization, Berlin-Heidelberg-New York. Springer-Verlag. 1976. V, 166 S., DM 20,–. US $ 8.20 (Lecture Notes in Physics 53).

Klein, W., Mehrtortheorie, Berlin. Akademie-Verlag. 1976. 178 S., 24,– M.

Dijksman, E. A., Motion Geometry of Mechanisms, Cambridge-London-New York-Melbourne. Cambridge University Press. 1976. XVI, 288 S., £ 9.25.

Vooren, A. I. van de / Zandbergen, P. J. (Ed.), Proceedings of the Fifth International Conference on Numerical Methods in Fluid Dynamics, Enschede 1976. Berlin-Heidelberg-New York. 1976. VII, 459 S., 280 Abb., DM 37,–. US $ 15.20 (Lecture Notes in Physics 59).

Medgyessy, P., Decomposition of Superpositions of Density Functions and Discrete Distributions, Budapest. Akadémiai Kiadó. 1977. 308 S., Ft 180,– (Disquisitiones Mathematicae Hungaricae 8).

Schwefel, H.-P., Numerische Optimierung von Computer-Modellen mittels der Evolutionsstrategie, Mit einer vergleichenden Einführung in die Hill-Climbing- und Zufallsstrategien, Basel-Stuttgart. Birkhäuser Verlag. 1977. 390 S., sFr. 48.– (ISR 26).

Numerische Methoden der Approximationstheorie, Bd. III, Vortragsauszüge der Tagung über Numerische Methoden der Approximationstheorie in Oberwolfach vom 25.–31. 5. 1975, Basel-Stuttgart. Birkhäuser Verlag. 1976. 333 S., sFr. 44,– (ISNM 30).

Homuth, H. H., Einführung in die Automatentheorie, für Studenten der Mathematik, Informatik, Natur- und Ingenieurwissenschaften, Braunschweig. Vieweg. 1977. 108 S., DM 14,80.

Glowinski, R. / Lions, J. L. (Ed.), Computing Methods in Applied Sciences, Second Intern. Symposium, Dec. 1975. Berlin-Heidelberg-New York. Springer-Verlag. 1976. VIII, 593 S., 188 Abb., DM 37,–. US $ 15.20 (Lecture Notes in Physics 58).

NACHRICHTEN

The **Twentieth Polish Solid Mechanics Conference** will be held in September 3–11 at Kozubnik-Porąbka in southern part of Poland.

The Conference will cover all major areas of the mechanics of solids and structures with particular emphasis on novel analysis methods, new experimental and computational techniques and solutions to important engineering problems. The programme will include a number of General Lectures.

While no proceedings of the Conference will be available, the participants are encouraged to submit their papers to the Journals published by the Institute of Fundamental Technological Research, i.e. Archives of Mechanics or Engineering Transactions. Further details of the technical programme, registration and accomodation will be forwarded directly to registered participants of the Conference.

A. Sawczuk

Chairman of the Organizing Committee

Address for correspondence:

A. Dragon,
The Organizing Committee Secretary,
Institute of Fundamental Technological Research,
Świętokrzyska 21, 00-049 Warsaw, Poland

Kolibri 360 GmbH
Ferdinand-Jühlke-Straße 7
99095 Erfurt, Deutschland
produktsicherheit@kolibri360.de